This is my math book.

Name : _____

CONTENTS

Date : _____   Name : _____
Time : _____   Score : _____/60

 Multiplication Worksheet For 2

1) 2 x 3 = _____   2) 2 x 4 = _____   3) 2 x 2 = _____

4) 2 x 2 = _____   5) 2 x 2 = _____   6) 2 x 10 = _____

7) 2 x 6 = _____   8) 2 x 9 = _____   9) 2 x 2 = _____

10) 2 x 4 = _____   11) 2 x 8 = _____   12) 2 x 7 = _____

13) 2 x 5 = _____   14) 2 x 2 = _____   15) 2 x 5 = _____

16) 2 x 6 = _____   17) 2 x 8 = _____   18) 2 x 3 = _____

19) 2 x 4 = _____   20) 2 x 2 = _____   21) 2 x 4 = _____

22) 2 x 6 = _____   23) 2 x 7 = _____   24) 2 x 8 = _____

25) 2 x 6 = _____   26) 2 x 2 = _____   27) 2 x 6 = _____

28) 2 x 4 = _____   29) 2 x 5 = _____   30) 2 x 7 = _____

31) 2 x 10 = _____   32) 2 x 8 = _____   33) 2 x 1 = _____

34) 2 x 7 = _____   35) 2 x 8 = _____   36) 2 x 6 = _____

37) 2 x 3 = _____   38) 2 x 4 = _____   39) 2 x 3 = _____

40) 2 x 10 = _____   41) 2 x 6 = _____   42) 2 x 5 = _____

43) 2 x 7 = _____   44) 2 x 2 = _____   45) 2 x 4 = _____

46) 2 x 3 = _____   47) 2 x 8 = _____   48) 2 x 3 = _____

49) 2 x 4 = _____   50) 2 x 7 = _____   51) 2 x 3 = _____

52) 2 x 4 = _____   53) 2 x 6 = _____   54) 2 x 5 = _____

55) 2 x 8 = _____   56) 2 x 4 = _____   57) 2 x 8 = _____

58) 2 x 10 = _____   59) 2 x 8 = _____   60) 2 x 3 = _____

Answer Key
Multiplication Worksheet For 2

1) 2 x 3 = **6**　　　2) 2 x 4 = **8**　　　3) 2 x 2 = **4**

4) 2 x 2 = **4**　　　5) 2 x 2 = **4**　　　6) 2 x 10 = **20**

7) 2 x 6 = **12**　　　8) 2 x 9 = **18**　　　9) 2 x 2 = **4**

10) 2 x 4 = **8**　　　11) 2 x 8 = **16**　　　12) 2 x 7 = **14**

13) 2 x 5 = **10**　　　14) 2 x 2 = **4**　　　15) 2 x 5 = **10**

16) 2 x 6 = **12**　　　17) 2 x 8 = **16**　　　18) 2 x 3 = **6**

19) 2 x 4 = **8**　　　20) 2 x 2 = **4**　　　21) 2 x 4 = **8**

22) 2 x 6 = **12**　　　23) 2 x 7 = **14**　　　24) 2 x 8 = **16**

25) 2 x 6 = **12**　　　26) 2 x 2 = **4**　　　27) 2 x 6 = **12**

28) 2 x 4 = **8**　　　29) 2 x 5 = **10**　　　30) 2 x 7 = **14**

31) 2 x 10 = **20**　　　32) 2 x 8 = **16**　　　33) 2 x 1 = **2**

34) 2 x 7 = **14**　　　35) 2 x 8 = **16**　　　36) 2 x 6 = **12**

37) 2 x 3 = **6**　　　38) 2 x 4 = **8**　　　39) 2 x 3 = **6**

40) 2 x 10 = **20**　　　41) 2 x 6 = **12**　　　42) 2 x 5 = **10**

43) 2 x 7 = **14**　　　44) 2 x 2 = **4**　　　45) 2 x 4 = **8**

46) 2 x 3 = **6**　　　47) 2 x 8 = **16**　　　48) 2 x 3 = **6**

49) 2 x 4 = **8**　　　50) 2 x 7 = **14**　　　51) 2 x 3 = **6**

52) 2 x 4 = **8**　　　53) 2 x 6 = **12**　　　54) 2 x 5 = **10**

55) 2 x 8 = **16**　　　56) 2 x 4 = **8**　　　57) 2 x 8 = **16**

58) 2 x 10 = **20**　　　59) 2 x 8 = **16**　　　60) 2 x 3 = **6**

Date : _____   Name : _____

Time : _____   Score : _____/60

   Multiplication Worksheet For 2

1) 2 x 5 = _____   2) 2 x 1 = _____   3) 2 x 1 = _____

4) 2 x 10 = _____   5) 2 x 7 = _____   6) 2 x 6 = _____

7) 2 x 7 = _____   8) 2 x 2 = _____   9) 2 x 2 = _____

10) 2 x 9 = _____   11) 2 x 9 = _____   12) 2 x 6 = _____

13) 2 x 4 = _____   14) 2 x 7 = _____   15) 2 x 3 = _____

16) 2 x 4 = _____   17) 2 x 9 = _____   18) 2 x 10 = _____

19) 2 x 10 = _____   20) 2 x 5 = _____   21) 2 x 5 = _____

22) 2 x 2 = _____   23) 2 x 5 = _____   24) 2 x 4 = _____

25) 2 x 3 = _____   26) 2 x 8 = _____   27) 2 x 9 = _____

28) 2 x 5 = _____   29) 2 x 2 = _____   30) 2 x 9 = _____

31) 2 x 7 = _____   32) 2 x 2 = _____   33) 2 x 10 = _____

34) 2 x 6 = _____   35) 2 x 6 = _____   36) 2 x 10 = _____

37) 2 x 5 = _____   38) 2 x 7 = _____   39) 2 x 2 = _____

40) 2 x 9 = _____   41) 2 x 10 = _____   42) 2 x 1 = _____

43) 2 x 3 = _____   44) 2 x 8 = _____   45) 2 x 4 = _____

46) 2 x 3 = _____   47) 2 x 9 = _____   48) 2 x 6 = _____

49) 2 x 9 = _____   50) 2 x 7 = _____   51) 2 x 5 = _____

52) 2 x 2 = _____   53) 2 x 6 = _____   54) 2 x 8 = _____

55) 2 x 7 = _____   56) 2 x 5 = _____   57) 2 x 7 = _____

58) 2 x 10 = _____   59) 2 x 10 = _____   60) 2 x 10 = _____

Answer Key
Multiplication Worksheet For 2

1) 2 x 5 = **10**

2) 2 x 1 = **2**

3) 2 x 1 = **2**

4) 2 x 10 = **20**

5) 2 x 7 = **14**

6) 2 x 6 = **12**

7) 2 x 7 = **14**

8) 2 x 2 = **4**

9) 2 x 2 = **4**

10) 2 x 9 = **18**

11) 2 x 9 = **18**

12) 2 x 6 = **12**

13) 2 x 4 = **8**

14) 2 x 7 = **14**

15) 2 x 3 = **6**

16) 2 x 4 = **8**

17) 2 x 9 = **18**

18) 2 x 10 = **20**

19) 2 x 10 = **20**

20) 2 x 5 = **10**

21) 2 x 5 = **10**

22) 2 x 2 = **4**

23) 2 x 5 = **10**

24) 2 x 4 = **8**

25) 2 x 3 = **6**

26) 2 x 8 = **16**

27) 2 x 9 = **18**

28) 2 x 5 = **10**

29) 2 x 2 = **4**

30) 2 x 9 = **18**

31) 2 x 7 = **14**

32) 2 x 2 = **4**

33) 2 x 10 = **20**

34) 2 x 6 = **12**

35) 2 x 6 = **12**

36) 2 x 10 = **20**

37) 2 x 5 = **10**

38) 2 x 7 = **14**

39) 2 x 2 = **4**

40) 2 x 9 = **18**

41) 2 x 10 = **20**

42) 2 x 1 = **2**

43) 2 x 3 = **6**

44) 2 x 8 = **16**

45) 2 x 4 = **8**

46) 2 x 3 = **6**

47) 2 x 9 = **18**

48) 2 x 6 = **12**

49) 2 x 9 = **18**

50) 2 x 7 = **14**

51) 2 x 5 = **10**

52) 2 x 2 = **4**

53) 2 x 6 = **12**

54) 2 x 8 = **16**

55) 2 x 7 = **14**

56) 2 x 5 = **10**

57) 2 x 7 = **14**

58) 2 x 10 = **20**

59) 2 x 10 = **20**

60) 2 x 10 = **20**

Date : _____   Name : _____
Time : _____   Score : ____/60

   Multiplication Worksheet For 3

1) 3 x 8 = _____   2) 3 x 9 = _____   3) 3 x 2 = _____

4) 3 x 7 = _____   5) 3 x 7 = _____   6) 3 x 4 = _____

7) 3 x 3 = _____   8) 3 x 8 = _____   9) 3 x 6 = _____

10) 3 x 4 = _____   11) 3 x 10 = _____   12) 3 x 10 = _____

13) 3 x 4 = _____   14) 3 x 2 = _____   15) 3 x 4 = _____

16) 3 x 5 = _____   17) 3 x 10 = _____   18) 3 x 9 = _____

19) 3 x 4 = _____   20) 3 x 7 = _____   21) 3 x 9 = _____

22) 3 x 6 = _____   23) 3 x 4 = _____   24) 3 x 2 = _____

25) 3 x 5 = _____   26) 3 x 4 = _____   27) 3 x 6 = _____

28) 3 x 6 = _____   29) 3 x 9 = _____   30) 3 x 4 = _____

31) 3 x 8 = _____   32) 3 x 2 = _____   33) 3 x 3 = _____

34) 3 x 1 = _____   35) 3 x 4 = _____   36) 3 x 2 = _____

37) 3 x 6 = _____   38) 3 x 3 = _____   39) 3 x 7 = _____

40) 3 x 9 = _____   41) 3 x 7 = _____   42) 3 x 6 = _____

43) 3 x 2 = _____   44) 3 x 9 = _____   45) 3 x 5 = _____

46) 3 x 2 = _____   47) 3 x 9 = _____   48) 3 x 3 = _____

49) 3 x 4 = _____   50) 3 x 10 = _____   51) 3 x 9 = _____

52) 3 x 4 = _____   53) 3 x 5 = _____   54) 3 x 5 = _____

55) 3 x 2 = _____   56) 3 x 9 = _____   57) 3 x 2 = _____

58) 3 x 6 = _____   59) 3 x 10 = _____   60) 3 x 7 = _____

Answer Key
Multiplication Worksheet For 3

1) 3 x 8 = **24**

2) 3 x 9 = **27**

3) 3 x 2 = **6**

4) 3 x 7 = **21**

5) 3 x 7 = **21**

6) 3 x 4 = **12**

7) 3 x 3 = **9**

8) 3 x 8 = **24**

9) 3 x 6 = **18**

10) 3 x 4 = **12**

11) 3 x 10 = **30**

12) 3 x 10 = **30**

13) 3 x 4 = **12**

14) 3 x 2 = **6**

15) 3 x 4 = **12**

16) 3 x 5 = **15**

17) 3 x 10 = **30**

18) 3 x 9 = **27**

19) 3 x 4 = **12**

20) 3 x 7 = **21**

21) 3 x 9 = **27**

22) 3 x 6 = **18**

23) 3 x 4 = **12**

24) 3 x 2 = **6**

25) 3 x 5 = **15**

26) 3 x 4 = **12**

27) 3 x 6 = **18**

28) 3 x 6 = **18**

29) 3 x 9 = **27**

30) 3 x 4 = **12**

31) 3 x 8 = **24**

32) 3 x 2 = **6**

33) 3 x 3 = **9**

34) 3 x 1 = **3**

35) 3 x 4 = **12**

36) 3 x 2 = **6**

37) 3 x 6 = **18**

38) 3 x 3 = **9**

39) 3 x 7 = **21**

40) 3 x 9 = **27**

41) 3 x 7 = **21**

42) 3 x 6 = **18**

43) 3 x 2 = **6**

44) 3 x 9 = **27**

45) 3 x 5 = **15**

46) 3 x 2 = **6**

47) 3 x 9 = **27**

48) 3 x 3 = **9**

49) 3 x 4 = **12**

50) 3 x 10 = **30**

51) 3 x 9 = **27**

52) 3 x 4 = **12**

53) 3 x 5 = **15**

54) 3 x 5 = **15**

55) 3 x 2 = **6**

56) 3 x 9 = **27**

57) 3 x 2 = **6**

58) 3 x 6 = **18**

59) 3 x 10 = **30**

60) 3 x 7 = **21**

Date : _____   Name : _____
Time : _____   Score : _____/60

 Multiplication Worksheet For 3

1) 3 x 3 = _____   2) 3 x 3 = _____   3) 3 x 9 = _____

4) 3 x 4 = _____   5) 3 x 10 = _____   6) 3 x 8 = _____

7) 3 x 8 = _____   8) 3 x 1 = _____   9) 3 x 3 = _____

10) 3 x 9 = _____   11) 3 x 6 = _____   12) 3 x 5 = _____

13) 3 x 10 = _____   14) 3 x 4 = _____   15) 3 x 2 = _____

16) 3 x 5 = _____   17) 3 x 4 = _____   18) 3 x 5 = _____

19) 3 x 3 = _____   20) 3 x 4 = _____   21) 3 x 1 = _____

22) 3 x 4 = _____   23) 3 x 9 = _____   24) 3 x 9 = _____

25) 3 x 10 = _____   26) 3 x 2 = _____   27) 3 x 3 = _____

28) 3 x 5 = _____   29) 3 x 3 = _____   30) 3 x 3 = _____

31) 3 x 8 = _____   32) 3 x 8 = _____   33) 3 x 3 = _____

34) 3 x 6 = _____   35) 3 x 1 = _____   36) 3 x 5 = _____

37) 3 x 6 = _____   38) 3 x 7 = _____   39) 3 x 2 = _____

40) 3 x 2 = _____   41) 3 x 4 = _____   42) 3 x 10 = _____

43) 3 x 9 = _____   44) 3 x 5 = _____   45) 3 x 10 = _____

46) 3 x 9 = _____   47) 3 x 3 = _____   48) 3 x 5 = _____

49) 3 x 10 = _____   50) 3 x 10 = _____   51) 3 x 9 = _____

52) 3 x 1 = _____   53) 3 x 2 = _____   54) 3 x 8 = _____

55) 3 x 1 = _____   56) 3 x 2 = _____   57) 3 x 6 = _____

58) 3 x 5 = _____   59) 3 x 7 = _____   60) 3 x 8 = _____

Answer Key
Multiplication Worksheet For 3

1) 3 x 3 = **9**

2) 3 x 3 = **9**

3) 3 x 9 = **27**

4) 3 x 4 = **12**

5) 3 x 10 = **30**

6) 3 x 8 = **24**

7) 3 x 8 = **24**

8) 3 x 1 = **3**

9) 3 x 3 = **9**

10) 3 x 9 = **27**

11) 3 x 6 = **18**

12) 3 x 5 = **15**

13) 3 x 10 = **30**

14) 3 x 4 = **12**

15) 3 x 2 = **6**

16) 3 x 5 = **15**

17) 3 x 4 = **12**

18) 3 x 5 = **15**

19) 3 x 3 = **9**

20) 3 x 4 = **12**

21) 3 x 1 = **3**

22) 3 x 4 = **12**

23) 3 x 9 = **27**

24) 3 x 9 = **27**

25) 3 x 10 = **30**

26) 3 x 2 = **6**

27) 3 x 3 = **9**

28) 3 x 5 = **15**

29) 3 x 3 = **9**

30) 3 x 3 = **9**

31) 3 x 8 = **24**

32) 3 x 8 = **24**

33) 3 x 3 = **9**

34) 3 x 6 = **18**

35) 3 x 1 = **3**

36) 3 x 5 = **15**

37) 3 x 6 = **18**

38) 3 x 7 = **21**

39) 3 x 2 = **6**

40) 3 x 2 = **6**

41) 3 x 4 = **12**

42) 3 x 10 = **30**

43) 3 x 9 = **27**

44) 3 x 5 = **15**

45) 3 x 10 = **30**

46) 3 x 9 = **27**

47) 3 x 3 = **9**

48) 3 x 5 = **15**

49) 3 x 10 = **30**

50) 3 x 10 = **30**

51) 3 x 9 = **27**

52) 3 x 1 = **3**

53) 3 x 2 = **6**

54) 3 x 8 = **24**

55) 3 x 1 = **3**

56) 3 x 2 = **6**

57) 3 x 6 = **18**

58) 3 x 5 = **15**

59) 3 x 7 = **21**

60) 3 x 8 = **24**

Date : _____   Name : _____

Time : _____   Score : _____/60

 Multiplication Worksheet For 4

1) 4 x 10 = _____   2) 4 x 7 = _____   3) 4 x 2 = _____

4) 4 x 5 = _____   5) 4 x 4 = _____   6) 4 x 8 = _____

7) 4 x 7 = _____   8) 4 x 6 = _____   9) 4 x 6 = _____

10) 4 x 6 = _____   11) 4 x 3 = _____   12) 4 x 9 = _____

13) 4 x 2 = _____   14) 4 x 1 = _____   15) 4 x 4 = _____

16) 4 x 7 = _____   17) 4 x 5 = _____   18) 4 x 5 = _____

19) 4 x 3 = _____   20) 4 x 3 = _____   21) 4 x 8 = _____

22) 4 x 8 = _____   23) 4 x 2 = _____   24) 4 x 3 = _____

25) 4 x 2 = _____   26) 4 x 3 = _____   27) 4 x 9 = _____

28) 4 x 6 = _____   29) 4 x 9 = _____   30) 4 x 8 = _____

31) 4 x 5 = _____   32) 4 x 10 = _____   33) 4 x 2 = _____

34) 4 x 5 = _____   35) 4 x 9 = _____   36) 4 x 7 = _____

37) 4 x 10 = _____   38) 4 x 3 = _____   39) 4 x 6 = _____

40) 4 x 2 = _____   41) 4 x 5 = _____   42) 4 x 5 = _____

43) 4 x 8 = _____   44) 4 x 9 = _____   45) 4 x 8 = _____

46) 4 x 5 = _____   47) 4 x 10 = _____   48) 4 x 1 = _____

49) 4 x 5 = _____   50) 4 x 7 = _____   51) 4 x 9 = _____

52) 4 x 6 = _____   53) 4 x 4 = _____   54) 4 x 7 = _____

55) 4 x 10 = _____   56) 4 x 5 = _____   57) 4 x 4 = _____

58) 4 x 9 = _____   59) 4 x 7 = _____   60) 4 x 10 = _____

Answer Key

Multiplication Worksheet For 4

1) 4 x 10 = **40**   2) 4 x 7 = **28**   3) 4 x 2 = **8**

4) 4 x 5 = **20**   5) 4 x 4 = **16**   6) 4 x 8 = **32**

7) 4 x 7 = **28**   8) 4 x 6 = **24**   9) 4 x 6 = **24**

10) 4 x 6 = **24**   11) 4 x 3 = **12**   12) 4 x 9 = **36**

13) 4 x 2 = **8**   14) 4 x 1 = **4**   15) 4 x 4 = **16**

16) 4 x 7 = **28**   17) 4 x 5 = **20**   18) 4 x 5 = **20**

19) 4 x 3 = **12**   20) 4 x 3 = **12**   21) 4 x 8 = **32**

22) 4 x 8 = **32**   23) 4 x 2 = **8**   24) 4 x 3 = **12**

25) 4 x 2 = **8**   26) 4 x 3 = **12**   27) 4 x 9 = **36**

28) 4 x 6 = **24**   29) 4 x 9 = **36**   30) 4 x 8 = **32**

31) 4 x 5 = **20**   32) 4 x 10 = **40**   33) 4 x 2 = **8**

34) 4 x 5 = **20**   35) 4 x 9 = **36**   36) 4 x 7 = **28**

37) 4 x 10 = **40**   38) 4 x 3 = **12**   39) 4 x 6 = **24**

40) 4 x 2 = **8**   41) 4 x 5 = **20**   42) 4 x 5 = **20**

43) 4 x 8 = **32**   44) 4 x 9 = **36**   45) 4 x 8 = **32**

46) 4 x 5 = **20**   47) 4 x 10 = **40**   48) 4 x 1 = **4**

49) 4 x 5 = **20**   50) 4 x 7 = **28**   51) 4 x 9 = **36**

52) 4 x 6 = **24**   53) 4 x 4 = **16**   54) 4 x 7 = **28**

55) 4 x 10 = **40**   56) 4 x 5 = **20**   57) 4 x 4 = **16**

58) 4 x 9 = **36**   59) 4 x 7 = **28**   60) 4 x 10 = **40**

Date : _____   Name : _____
Time : _____   Score : _____/60

 Multiplication Worksheet For 4

1) 4 x 2 = _____   2) 4 x 3 = _____   3) 4 x 2 = _____

4) 4 x 2 = _____   5) 4 x 2 = _____   6) 4 x 8 = _____

7) 4 x 10 = _____   8) 4 x 4 = _____   9) 4 x 4 = _____

10) 4 x 10 = _____   11) 4 x 4 = _____   12) 4 x 2 = _____

13) 4 x 4 = _____   14) 4 x 1 = _____   15) 4 x 6 = _____

16) 4 x 2 = _____   17) 4 x 7 = _____   18) 4 x 8 = _____

19) 4 x 4 = _____   20) 4 x 2 = _____   21) 4 x 3 = _____

22) 4 x 10 = _____   23) 4 x 8 = _____   24) 4 x 4 = _____

25) 4 x 9 = _____   26) 4 x 6 = _____   27) 4 x 9 = _____

28) 4 x 7 = _____   29) 4 x 2 = _____   30) 4 x 3 = _____

31) 4 x 5 = _____   32) 4 x 2 = _____   33) 4 x 8 = _____

34) 4 x 8 = _____   35) 4 x 4 = _____   36) 4 x 9 = _____

37) 4 x 8 = _____   38) 4 x 9 = _____   39) 4 x 2 = _____

40) 4 x 6 = _____   41) 4 x 1 = _____   42) 4 x 3 = _____

43) 4 x 10 = _____   44) 4 x 4 = _____   45) 4 x 9 = _____

46) 4 x 3 = _____   47) 4 x 5 = _____   48) 4 x 9 = _____

49) 4 x 3 = _____   50) 4 x 3 = _____   51) 4 x 8 = _____

52) 4 x 2 = _____   53) 4 x 6 = _____   54) 4 x 8 = _____

55) 4 x 10 = _____   56) 4 x 7 = _____   57) 4 x 4 = _____

58) 4 x 2 = _____   59) 4 x 5 = _____   60) 4 x 4 = _____

Answer Key

Multiplication Worksheet For 4

1) 4 x 2 = **8**   2) 4 x 3 = **12**   3) 4 x 2 = **8**

4) 4 x 2 = **8**   5) 4 x 2 = **8**   6) 4 x 8 = **32**

7) 4 x 10 = **40**   8) 4 x 4 = **16**   9) 4 x 4 = **16**

10) 4 x 10 = **40**   11) 4 x 4 = **16**   12) 4 x 2 = **8**

13) 4 x 4 = **16**   14) 4 x 1 = **4**   15) 4 x 6 = **24**

16) 4 x 2 = **8**   17) 4 x 7 = **28**   18) 4 x 8 = **32**

19) 4 x 4 = **16**   20) 4 x 2 = **8**   21) 4 x 3 = **12**

22) 4 x 10 = **40**   23) 4 x 8 = **32**   24) 4 x 4 = **16**

25) 4 x 9 = **36**   26) 4 x 6 = **24**   27) 4 x 9 = **36**

28) 4 x 7 = **28**   29) 4 x 2 = **8**   30) 4 x 3 = **12**

31) 4 x 5 = **20**   32) 4 x 2 = **8**   33) 4 x 8 = **32**

34) 4 x 8 = **32**   35) 4 x 4 = **16**   36) 4 x 9 = **36**

37) 4 x 8 = **32**   38) 4 x 9 = **36**   39) 4 x 2 = **8**

40) 4 x 6 = **24**   41) 4 x 1 = **4**   42) 4 x 3 = **12**

43) 4 x 10 = **40**   44) 4 x 4 = **16**   45) 4 x 9 = **36**

46) 4 x 3 = **12**   47) 4 x 5 = **20**   48) 4 x 9 = **36**

49) 4 x 3 = **12**   50) 4 x 3 = **12**   51) 4 x 8 = **32**

52) 4 x 2 = **8**   53) 4 x 6 = **24**   54) 4 x 8 = **32**

55) 4 x 10 = **40**   56) 4 x 7 = **28**   57) 4 x 4 = **16**

58) 4 x 2 = **8**   59) 4 x 5 = **20**   60) 4 x 4 = **16**

Date : _____   Name : _____
Time : _____   Score : _____/60

   Multiplication Worksheet For 5

1) 5 x 4 = _____   2) 5 x 4 = _____   3) 5 x 8 = _____

4) 5 x 7 = _____   5) 5 x 4 = _____   6) 5 x 8 = _____

7) 5 x 9 = _____   8) 5 x 5 = _____   9) 5 x 3 = _____

10) 5 x 4 = _____   11) 5 x 6 = _____   12) 5 x 2 = _____

13) 5 x 9 = _____   14) 5 x 5 = _____   15) 5 x 7 = _____

16) 5 x 5 = _____   17) 5 x 7 = _____   18) 5 x 8 = _____

19) 5 x 10 = _____   20) 5 x 1 = _____   21) 5 x 10 = _____

22) 5 x 4 = _____   23) 5 x 6 = _____   24) 5 x 4 = _____

25) 5 x 7 = _____   26) 5 x 8 = _____   27) 5 x 6 = _____

28) 5 x 2 = _____   29) 5 x 7 = _____   30) 5 x 4 = _____

31) 5 x 6 = _____   32) 5 x 7 = _____   33) 5 x 2 = _____

34) 5 x 7 = _____   35) 5 x 9 = _____   36) 5 x 4 = _____

37) 5 x 6 = _____   38) 5 x 4 = _____   39) 5 x 3 = _____

40) 5 x 8 = _____   41) 5 x 2 = _____   42) 5 x 5 = _____

43) 5 x 2 = _____   44) 5 x 10 = _____   45) 5 x 1 = _____

46) 5 x 9 = _____   47) 5 x 9 = _____   48) 5 x 6 = _____

49) 5 x 5 = _____   50) 5 x 9 = _____   51) 5 x 2 = _____

52) 5 x 4 = _____   53) 5 x 10 = _____   54) 5 x 9 = _____

55) 5 x 8 = _____   56) 5 x 2 = _____   57) 5 x 4 = _____

58) 5 x 3 = _____   59) 5 x 5 = _____   60) 5 x 6 = _____

Answer Key
Multiplication Worksheet For 5

1) 5 x 4 = **20**	2) 5 x 4 = **20**	3) 5 x 8 = **40**
4) 5 x 7 = **35**	5) 5 x 4 = **20**	6) 5 x 8 = **40**
7) 5 x 9 = **45**	8) 5 x 5 = **25**	9) 5 x 3 = **15**
10) 5 x 4 = **20**	11) 5 x 6 = **30**	12) 5 x 2 = **10**
13) 5 x 9 = **45**	14) 5 x 5 = **25**	15) 5 x 7 = **35**
16) 5 x 5 = **25**	17) 5 x 7 = **35**	18) 5 x 8 = **40**
19) 5 x 10 = **50**	20) 5 x 1 = **5**	21) 5 x 10 = **50**
22) 5 x 4 = **20**	23) 5 x 6 = **30**	24) 5 x 4 = **20**
25) 5 x 7 = **35**	26) 5 x 8 = **40**	27) 5 x 6 = **30**
28) 5 x 2 = **10**	29) 5 x 7 = **35**	30) 5 x 4 = **20**
31) 5 x 6 = **30**	32) 5 x 7 = **35**	33) 5 x 2 = **10**
34) 5 x 7 = **35**	35) 5 x 9 = **45**	36) 5 x 4 = **20**
37) 5 x 6 = **30**	38) 5 x 4 = **20**	39) 5 x 3 = **15**
40) 5 x 8 = **40**	41) 5 x 2 = **10**	42) 5 x 5 = **25**
43) 5 x 2 = **10**	44) 5 x 10 = **50**	45) 5 x 1 = **5**
46) 5 x 9 = **45**	47) 5 x 9 = **45**	48) 5 x 6 = **30**
49) 5 x 5 = **25**	50) 5 x 9 = **45**	51) 5 x 2 = **10**
52) 5 x 4 = **20**	53) 5 x 10 = **50**	54) 5 x 9 = **45**
55) 5 x 8 = **40**	56) 5 x 2 = **10**	57) 5 x 4 = **20**
58) 5 x 3 = **15**	59) 5 x 5 = **25**	60) 5 x 6 = **30**

Date : _____   Name : _____

Time : _____   Score : _____/60

   Multiplication Worksheet For 5

1) 5 x 9 = _____   2) 5 x 2 = _____   3) 5 x 3 = _____

4) 5 x 9 = _____   5) 5 x 10 = _____   6) 5 x 5 = _____

7) 5 x 8 = _____   8) 5 x 7 = _____   9) 5 x 3 = _____

10) 5 x 9 = _____   11) 5 x 9 = _____   12) 5 x 7 = _____

13) 5 x 6 = _____   14) 5 x 6 = _____   15) 5 x 10 = _____

16) 5 x 4 = _____   17) 5 x 2 = _____   18) 5 x 10 = _____

19) 5 x 6 = _____   20) 5 x 3 = _____   21) 5 x 8 = _____

22) 5 x 8 = _____   23) 5 x 1 = _____   24) 5 x 8 = _____

25) 5 x 2 = _____   26) 5 x 3 = _____   27) 5 x 6 = _____

28) 5 x 4 = _____   29) 5 x 2 = _____   30) 5 x 2 = _____

31) 5 x 2 = _____   32) 5 x 2 = _____   33) 5 x 3 = _____

34) 5 x 9 = _____   35) 5 x 3 = _____   36) 5 x 3 = _____

37) 5 x 3 = _____   38) 5 x 7 = _____   39) 5 x 4 = _____

40) 5 x 6 = _____   41) 5 x 10 = _____   42) 5 x 8 = _____

43) 5 x 2 = _____   44) 5 x 5 = _____   45) 5 x 7 = _____

46) 5 x 10 = _____   47) 5 x 2 = _____   48) 5 x 7 = _____

49) 5 x 5 = _____   50) 5 x 3 = _____   51) 5 x 9 = _____

52) 5 x 5 = _____   53) 5 x 9 = _____   54) 5 x 5 = _____

55) 5 x 10 = _____   56) 5 x 4 = _____   57) 5 x 2 = _____

58) 5 x 8 = _____   59) 5 x 6 = _____   60) 5 x 3 = _____

Answer Key

Multiplication Worksheet For 5

1) 5 x 9 = **45**

2) 5 x 2 = **10**

3) 5 x 3 = **15**

4) 5 x 9 = **45**

5) 5 x 10 = **50**

6) 5 x 5 = **25**

7) 5 x 8 = **40**

8) 5 x 7 = **35**

9) 5 x 3 = **15**

10) 5 x 9 = **45**

11) 5 x 9 = **45**

12) 5 x 7 = **35**

13) 5 x 6 = **30**

14) 5 x 6 = **30**

15) 5 x 10 = **50**

16) 5 x 4 = **20**

17) 5 x 2 = **10**

18) 5 x 10 = **50**

19) 5 x 6 = **30**

20) 5 x 3 = **15**

21) 5 x 8 = **40**

22) 5 x 8 = **40**

23) 5 x 1 = **5**

24) 5 x 8 = **40**

25) 5 x 2 = **10**

26) 5 x 3 = **15**

27) 5 x 6 = **30**

28) 5 x 4 = **20**

29) 5 x 2 = **10**

30) 5 x 2 = **10**

31) 5 x 2 = **10**

32) 5 x 2 = **10**

33) 5 x 3 = **15**

34) 5 x 9 = **45**

35) 5 x 3 = **15**

36) 5 x 3 = **15**

37) 5 x 3 = **15**

38) 5 x 7 = **35**

39) 5 x 4 = **20**

40) 5 x 6 = **30**

41) 5 x 10 = **50**

42) 5 x 8 = **40**

43) 5 x 2 = **10**

44) 5 x 5 = **25**

45) 5 x 7 = **35**

46) 5 x 10 = **50**

47) 5 x 2 = **10**

48) 5 x 7 = **35**

49) 5 x 5 = **25**

50) 5 x 3 = **15**

51) 5 x 9 = **45**

52) 5 x 5 = **25**

53) 5 x 9 = **45**

54) 5 x 5 = **25**

55) 5 x 10 = **50**

56) 5 x 4 = **20**

57) 5 x 2 = **10**

58) 5 x 8 = **40**

59) 5 x 6 = **30**

60) 5 x 3 = **15**

Date : _____   Name : _____
Time : _____   Score : _____/60

 Multiplication Worksheet For 6

1) 6 x 3 = _____   2) 6 x 4 = _____   3) 6 x 3 = _____

4) 6 x 3 = _____   5) 6 x 7 = _____   6) 6 x 9 = _____

7) 6 x 7 = _____   8) 6 x 9 = _____   9) 6 x 8 = _____

10) 6 x 7 = _____   11) 6 x 7 = _____   12) 6 x 7 = _____

13) 6 x 10 = _____   14) 6 x 6 = _____   15) 6 x 10 = _____

16) 6 x 4 = _____   17) 6 x 6 = _____   18) 6 x 2 = _____

19) 6 x 3 = _____   20) 6 x 9 = _____   21) 6 x 4 = _____

22) 6 x 6 = _____   23) 6 x 9 = _____   24) 6 x 9 = _____

25) 6 x 2 = _____   26) 6 x 3 = _____   27) 6 x 2 = _____

28) 6 x 4 = _____   29) 6 x 4 = _____   30) 6 x 3 = _____

31) 6 x 9 = _____   32) 6 x 10 = _____   33) 6 x 7 = _____

34) 6 x 8 = _____   35) 6 x 6 = _____   36) 6 x 8 = _____

37) 6 x 5 = _____   38) 6 x 9 = _____   39) 6 x 4 = _____

40) 6 x 1 = _____   41) 6 x 9 = _____   42) 6 x 6 = _____

43) 6 x 2 = _____   44) 6 x 8 = _____   45) 6 x 9 = _____

46) 6 x 3 = _____   47) 6 x 5 = _____   48) 6 x 3 = _____

49) 6 x 2 = _____   50) 6 x 4 = _____   51) 6 x 5 = _____

52) 6 x 10 = _____   53) 6 x 3 = _____   54) 6 x 7 = _____

55) 6 x 2 = _____   56) 6 x 7 = _____   57) 6 x 6 = _____

58) 6 x 4 = _____   59) 6 x 3 = _____   60) 6 x 5 = _____

Answer Key

Multiplication Worksheet For 6

1) 6 x 3 = **18**   2) 6 x 4 = **24**   3) 6 x 3 = **18**

4) 6 x 3 = **18**   5) 6 x 7 = **42**   6) 6 x 9 = **54**

7) 6 x 7 = **42**   8) 6 x 9 = **54**   9) 6 x 8 = **48**

10) 6 x 7 = **42**   11) 6 x 7 = **42**   12) 6 x 7 = **42**

13) 6 x 10 = **60**   14) 6 x 6 = **36**   15) 6 x 10 = **60**

16) 6 x 4 = **24**   17) 6 x 6 = **36**   18) 6 x 2 = **12**

19) 6 x 3 = **18**   20) 6 x 9 = **54**   21) 6 x 4 = **24**

22) 6 x 6 = **36**   23) 6 x 9 = **54**   24) 6 x 9 = **54**

25) 6 x 2 = **12**   26) 6 x 3 = **18**   27) 6 x 2 = **12**

28) 6 x 4 = **24**   29) 6 x 4 = **24**   30) 6 x 3 = **18**

31) 6 x 9 = **54**   32) 6 x 10 = **60**   33) 6 x 7 = **42**

34) 6 x 8 = **48**   35) 6 x 6 = **36**   36) 6 x 8 = **48**

37) 6 x 5 = **30**   38) 6 x 9 = **54**   39) 6 x 4 = **24**

40) 6 x 1 = **6**   41) 6 x 9 = **54**   42) 6 x 6 = **36**

43) 6 x 2 = **12**   44) 6 x 8 = **48**   45) 6 x 9 = **54**

46) 6 x 3 = **18**   47) 6 x 5 = **30**   48) 6 x 3 = **18**

49) 6 x 2 = **12**   50) 6 x 4 = **24**   51) 6 x 5 = **30**

52) 6 x 10 = **60**   53) 6 x 3 = **18**   54) 6 x 7 = **42**

55) 6 x 2 = **12**   56) 6 x 7 = **42**   57) 6 x 6 = **36**

58) 6 x 4 = **24**   59) 6 x 3 = **18**   60) 6 x 5 = **30**

Date : _____   Name : _____
Time : _____   Score : ____/60

 Multiplication Worksheet For 6

1) 6 x 3 = _____   2) 6 x 9 = _____   3) 6 x 8 = _____

4) 6 x 3 = _____   5) 6 x 2 = _____   6) 6 x 3 = _____

7) 6 x 9 = _____   8) 6 x 8 = _____   9) 6 x 9 = _____

10) 6 x 4 = _____   11) 6 x 5 = _____   12) 6 x 6 = _____

13) 6 x 8 = _____   14) 6 x 3 = _____   15) 6 x 7 = _____

16) 6 x 2 = _____   17) 6 x 2 = _____   18) 6 x 4 = _____

19) 6 x 2 = _____   20) 6 x 5 = _____   21) 6 x 9 = _____

22) 6 x 3 = _____   23) 6 x 8 = _____   24) 6 x 5 = _____

25) 6 x 2 = _____   26) 6 x 8 = _____   27) 6 x 2 = _____

28) 6 x 2 = _____   29) 6 x 2 = _____   30) 6 x 3 = _____

31) 6 x 2 = _____   32) 6 x 5 = _____   33) 6 x 3 = _____

34) 6 x 7 = _____   35) 6 x 5 = _____   36) 6 x 5 = _____

37) 6 x 7 = _____   38) 6 x 3 = _____   39) 6 x 7 = _____

40) 6 x 8 = _____   41) 6 x 6 = _____   42) 6 x 4 = _____

43) 6 x 9 = _____   44) 6 x 6 = _____   45) 6 x 10 = _____

46) 6 x 9 = _____   47) 6 x 1 = _____   48) 6 x 3 = _____

49) 6 x 7 = _____   50) 6 x 1 = _____   51) 6 x 7 = _____

52) 6 x 1 = _____   53) 6 x 6 = _____   54) 6 x 10 = _____

55) 6 x 2 = _____   56) 6 x 3 = _____   57) 6 x 1 = _____

58) 6 x 3 = _____   59) 6 x 8 = _____   60) 6 x 6 = _____

Answer Key
Multiplication Worksheet For 6

1) 6 x 3 = **18**   2) 6 x 9 = **54**   3) 6 x 8 = **48**

4) 6 x 3 = **18**   5) 6 x 2 = **12**   6) 6 x 3 = **18**

7) 6 x 9 = **54**   8) 6 x 8 = **48**   9) 6 x 9 = **54**

10) 6 x 4 = **24**   11) 6 x 5 = **30**   12) 6 x 6 = **36**

13) 6 x 8 = **48**   14) 6 x 3 = **18**   15) 6 x 7 = **42**

16) 6 x 2 = **12**   17) 6 x 2 = **12**   18) 6 x 4 = **24**

19) 6 x 2 = **12**   20) 6 x 5 = **30**   21) 6 x 9 = **54**

22) 6 x 3 = **18**   23) 6 x 8 = **48**   24) 6 x 5 = **30**

25) 6 x 2 = **12**   26) 6 x 8 = **48**   27) 6 x 2 = **12**

28) 6 x 2 = **12**   29) 6 x 2 = **12**   30) 6 x 3 = **18**

31) 6 x 2 = **12**   32) 6 x 5 = **30**   33) 6 x 3 = **18**

34) 6 x 7 = **42**   35) 6 x 5 = **30**   36) 6 x 5 = **30**

37) 6 x 7 = **42**   38) 6 x 3 = **18**   39) 6 x 7 = **42**

40) 6 x 8 = **48**   41) 6 x 6 = **36**   42) 6 x 4 = **24**

43) 6 x 9 = **54**   44) 6 x 6 = **36**   45) 6 x 10 = **60**

46) 6 x 9 = **54**   47) 6 x 1 = **6**   48) 6 x 3 = **18**

49) 6 x 7 = **42**   50) 6 x 1 = **6**   51) 6 x 7 = **42**

52) 6 x 1 = **6**   53) 6 x 6 = **36**   54) 6 x 10 = **60**

55) 6 x 2 = **12**   56) 6 x 3 = **18**   57) 6 x 1 = **6**

58) 6 x 3 = **18**   59) 6 x 8 = **48**   60) 6 x 6 = **36**

Date : _____   Name : _____
Time : _____   Score : _____/60

 Multiplication Worksheet For 6

1) 7 x 10 = _____   2) 7 x 7 = _____   3) 7 x 6 = _____

4) 7 x 9 = _____   5) 7 x 9 = _____   6) 7 x 8 = _____

7) 7 x 4 = _____   8) 7 x 3 = _____   9) 7 x 5 = _____

10) 7 x 5 = _____   11) 7 x 4 = _____   12) 7 x 7 = _____

13) 7 x 7 = _____   14) 7 x 6 = _____   15) 7 x 4 = _____

16) 7 x 6 = _____   17) 7 x 3 = _____   18) 7 x 10 = _____

19) 7 x 3 = _____   20) 7 x 3 = _____   21) 7 x 2 = _____

22) 7 x 6 = _____   23) 7 x 3 = _____   24) 7 x 4 = _____

25) 7 x 2 = _____   26) 7 x 4 = _____   27) 7 x 6 = _____

28) 7 x 8 = _____   29) 7 x 1 = _____   30) 7 x 6 = _____

31) 7 x 5 = _____   32) 7 x 1 = _____   33) 7 x 7 = _____

34) 7 x 6 = _____   35) 7 x 4 = _____   36) 7 x 8 = _____

37) 7 x 3 = _____   38) 7 x 1 = _____   39) 7 x 9 = _____

40) 7 x 2 = _____   41) 7 x 10 = _____   42) 7 x 6 = _____

43) 7 x 3 = _____   44) 7 x 5 = _____   45) 7 x 2 = _____

46) 7 x 8 = _____   47) 7 x 2 = _____   48) 7 x 8 = _____

49) 7 x 5 = _____   50) 7 x 10 = _____   51) 7 x 9 = _____

52) 7 x 3 = _____   53) 7 x 7 = _____   54) 7 x 9 = _____

55) 7 x 2 = _____   56) 7 x 5 = _____   57) 7 x 9 = _____

58) 7 x 5 = _____   59) 7 x 8 = _____   60) 7 x 4 = _____

Answer Key
Multiplication Worksheet For 7

1) 7 x 10 = **70**	2) 7 x 7 = **49**	3) 7 x 6 = **42**
4) 7 x 9 = **63**	5) 7 x 9 = **63**	6) 7 x 8 = **56**
7) 7 x 4 = **28**	8) 7 x 3 = **21**	9) 7 x 5 = **35**
10) 7 x 5 = **35**	11) 7 x 4 = **28**	12) 7 x 7 = **49**
13) 7 x 7 = **49**	14) 7 x 6 = **42**	15) 7 x 4 = **28**
16) 7 x 6 = **42**	17) 7 x 3 = **21**	18) 7 x 10 = **70**
19) 7 x 3 = **21**	20) 7 x 3 = **21**	21) 7 x 2 = **14**
22) 7 x 6 = **42**	23) 7 x 3 = **21**	24) 7 x 4 = **28**
25) 7 x 2 = **14**	26) 7 x 4 = **28**	27) 7 x 6 = **42**
28) 7 x 8 = **56**	29) 7 x 1 = **7**	30) 7 x 6 = **42**
31) 7 x 5 = **35**	32) 7 x 1 = **7**	33) 7 x 7 = **49**
34) 7 x 6 = **42**	35) 7 x 4 = **28**	36) 7 x 8 = **56**
37) 7 x 3 = **21**	38) 7 x 1 = **7**	39) 7 x 9 = **63**
40) 7 x 2 = **14**	41) 7 x 10 = **70**	42) 7 x 6 = **42**
43) 7 x 3 = **21**	44) 7 x 5 = **35**	45) 7 x 2 = **14**
46) 7 x 8 = **56**	47) 7 x 2 = **14**	48) 7 x 8 = **56**
49) 7 x 5 = **35**	50) 7 x 10 = **70**	51) 7 x 9 = **63**
52) 7 x 3 = **21**	53) 7 x 7 = **49**	54) 7 x 9 = **63**
55) 7 x 2 = **14**	56) 7 x 5 = **35**	57) 7 x 9 = **63**
58) 7 x 5 = **35**	59) 7 x 8 = **56**	60) 7 x 4 = **28**

Date : _____   Name : _____
Time : _____   Score : _____/60

 Multiplication Worksheet For 7

1) 7 x 8 = _____   2) 7 x 8 = _____   3) 7 x 2 = _____

4) 7 x 4 = _____   5) 7 x 7 = _____   6) 7 x 4 = _____

7) 7 x 10 = _____   8) 7 x 2 = _____   9) 7 x 8 = _____

10) 7 x 6 = _____   11) 7 x 4 = _____   12) 7 x 2 = _____

13) 7 x 9 = _____   14) 7 x 4 = _____   15) 7 x 7 = _____

16) 7 x 2 = _____   17) 7 x 9 = _____   18) 7 x 6 = _____

19) 7 x 6 = _____   20) 7 x 4 = _____   21) 7 x 6 = _____

22) 7 x 5 = _____   23) 7 x 2 = _____   24) 7 x 4 = _____

25) 7 x 8 = _____   26) 7 x 10 = _____   27) 7 x 8 = _____

28) 7 x 6 = _____   29) 7 x 8 = _____   30) 7 x 9 = _____

31) 7 x 8 = _____   32) 7 x 7 = _____   33) 7 x 3 = _____

34) 7 x 2 = _____   35) 7 x 4 = _____   36) 7 x 9 = _____

37) 7 x 9 = _____   38) 7 x 5 = _____   39) 7 x 8 = _____

40) 7 x 6 = _____   41) 7 x 9 = _____   42) 7 x 4 = _____

43) 7 x 8 = _____   44) 7 x 9 = _____   45) 7 x 8 = _____

46) 7 x 7 = _____   47) 7 x 3 = _____   48) 7 x 8 = _____

49) 7 x 7 = _____   50) 7 x 4 = _____   51) 7 x 3 = _____

52) 7 x 5 = _____   53) 7 x 8 = _____   54) 7 x 7 = _____

55) 7 x 8 = _____   56) 7 x 8 = _____   57) 7 x 10 = _____

58) 7 x 4 = _____   59) 7 x 10 = _____   60) 7 x 2 = _____

Answer Key
Multiplication Worksheet For 7

1) 7 x 8 = **56**

2) 7 x 8 = **56**

3) 7 x 2 = **14**

4) 7 x 4 = **28**

5) 7 x 7 = **49**

6) 7 x 4 = **28**

7) 7 x 10 = **70**

8) 7 x 2 = **14**

9) 7 x 8 = **56**

10) 7 x 6 = **42**

11) 7 x 4 = **28**

12) 7 x 2 = **14**

13) 7 x 9 = **63**

14) 7 x 4 = **28**

15) 7 x 7 = **49**

16) 7 x 2 = **14**

17) 7 x 9 = **63**

18) 7 x 6 = **42**

19) 7 x 6 = **42**

20) 7 x 4 = **28**

21) 7 x 6 = **42**

22) 7 x 5 = **35**

23) 7 x 2 = **14**

24) 7 x 4 = **28**

25) 7 x 8 = **56**

26) 7 x 10 = **70**

27) 7 x 8 = **56**

28) 7 x 6 = **42**

29) 7 x 8 = **56**

30) 7 x 9 = **63**

31) 7 x 8 = **56**

32) 7 x 7 = **49**

33) 7 x 3 = **21**

34) 7 x 2 = **14**

35) 7 x 4 = **28**

36) 7 x 9 = **63**

37) 7 x 9 = **63**

38) 7 x 5 = **35**

39) 7 x 8 = **56**

40) 7 x 6 = **42**

41) 7 x 9 = **63**

42) 7 x 4 = **28**

43) 7 x 8 = **56**

44) 7 x 9 = **63**

45) 7 x 8 = **56**

46) 7 x 7 = **49**

47) 7 x 3 = **21**

48) 7 x 8 = **56**

49) 7 x 7 = **49**

50) 7 x 4 = **28**

51) 7 x 3 = **21**

52) 7 x 5 = **35**

53) 7 x 8 = **56**

54) 7 x 7 = **49**

55) 7 x 8 = **56**

56) 7 x 8 = **56**

57) 7 x 10 = **70**

58) 7 x 4 = **28**

59) 7 x 10 = **70**

60) 7 x 2 = **14**

Date : _____   Name : _____
Time : _____   Score : _____/60

Multiplication Worksheet For 7

1) 8 x 2 = _____   2) 8 x 2 = _____   3) 8 x 7 = _____

4) 8 x 4 = _____   5) 8 x 7 = _____   6) 8 x 4 = _____

7) 8 x 7 = _____   8) 8 x 4 = _____   9) 8 x 10 = _____

10) 8 x 8 = _____   11) 8 x 4 = _____   12) 8 x 6 = _____

13) 8 x 7 = _____   14) 8 x 7 = _____   15) 8 x 7 = _____

16) 8 x 10 = _____   17) 8 x 2 = _____   18) 8 x 5 = _____

19) 8 x 2 = _____   20) 8 x 6 = _____   21) 8 x 3 = _____

22) 8 x 2 = _____   23) 8 x 4 = _____   24) 8 x 7 = _____

25) 8 x 8 = _____   26) 8 x 8 = _____   27) 8 x 8 = _____

28) 8 x 9 = _____   29) 8 x 10 = _____   30) 8 x 8 = _____

31) 8 x 5 = _____   32) 8 x 5 = _____   33) 8 x 10 = _____

34) 8 x 2 = _____   35) 8 x 5 = _____   36) 8 x 5 = _____

37) 8 x 4 = _____   38) 8 x 5 = _____   39) 8 x 3 = _____

40) 8 x 4 = _____   41) 8 x 9 = _____   42) 8 x 5 = _____

43) 8 x 8 = _____   44) 8 x 6 = _____   45) 8 x 6 = _____

46) 8 x 5 = _____   47) 8 x 3 = _____   48) 8 x 9 = _____

49) 8 x 7 = _____   50) 8 x 5 = _____   51) 8 x 1 = _____

52) 8 x 3 = _____   53) 8 x 2 = _____   54) 8 x 7 = _____

55) 8 x 9 = _____   56) 8 x 8 = _____   57) 8 x 6 = _____

58) 8 x 1 = _____   59) 8 x 5 = _____   60) 8 x 8 = _____

Answer Key
Multiplication Worksheet For 8

1) 8 x 2 = **16**   2) 8 x 2 = **16**   3) 8 x 7 = **56**

4) 8 x 4 = **32**   5) 8 x 7 = **56**   6) 8 x 4 = **32**

7) 8 x 7 = **56**   8) 8 x 4 = **32**   9) 8 x 10 = **80**

10) 8 x 8 = **64**   11) 8 x 4 = **32**   12) 8 x 6 = **48**

13) 8 x 7 = **56**   14) 8 x 7 = **56**   15) 8 x 7 = **56**

16) 8 x 10 = **80**   17) 8 x 2 = **16**   18) 8 x 5 = **40**

19) 8 x 2 = **16**   20) 8 x 6 = **48**   21) 8 x 3 = **24**

22) 8 x 2 = **16**   23) 8 x 4 = **32**   24) 8 x 7 = **56**

25) 8 x 8 = **64**   26) 8 x 8 = **64**   27) 8 x 8 = **64**

28) 8 x 9 = **72**   29) 8 x 10 = **80**   30) 8 x 8 = **64**

31) 8 x 5 = **40**   32) 8 x 5 = **40**   33) 8 x 10 = **80**

34) 8 x 2 = **16**   35) 8 x 5 = **40**   36) 8 x 5 = **40**

37) 8 x 4 = **32**   38) 8 x 5 = **40**   39) 8 x 3 = **24**

40) 8 x 4 = **32**   41) 8 x 9 = **72**   42) 8 x 5 = **40**

43) 8 x 8 = **64**   44) 8 x 6 = **48**   45) 8 x 6 = **48**

46) 8 x 5 = **40**   47) 8 x 3 = **24**   48) 8 x 9 = **72**

49) 8 x 7 = **56**   50) 8 x 5 = **40**   51) 8 x 1 = **8**

52) 8 x 3 = **24**   53) 8 x 2 = **16**   54) 8 x 7 = **56**

55) 8 x 9 = **72**   56) 8 x 8 = **64**   57) 8 x 6 = **48**

58) 8 x 1 = **8**   59) 8 x 5 = **40**   60) 8 x 8 = **64**

Multiplication Worksheet For 8

1) 8 x 9 = _____   2) 8 x 2 = _____   3) 8 x 1 = _____

4) 8 x 9 = _____   5) 8 x 7 = _____   6) 8 x 9 = _____

7) 8 x 2 = _____   8) 8 x 3 = _____   9) 8 x 9 = _____

10) 8 x 4 = _____   11) 8 x 6 = _____   12) 8 x 8 = _____

13) 8 x 9 = _____   14) 8 x 3 = _____   15) 8 x 10 = _____

16) 8 x 9 = _____   17) 8 x 6 = _____   18) 8 x 4 = _____

19) 8 x 4 = _____   20) 8 x 5 = _____   21) 8 x 7 = _____

22) 8 x 9 = _____   23) 8 x 10 = _____   24) 8 x 3 = _____

25) 8 x 2 = _____   26) 8 x 6 = _____   27) 8 x 8 = _____

28) 8 x 8 = _____   29) 8 x 10 = _____   30) 8 x 6 = _____

31) 8 x 2 = _____   32) 8 x 9 = _____   33) 8 x 3 = _____

34) 8 x 10 = _____   35) 8 x 4 = _____   36) 8 x 2 = _____

37) 8 x 9 = _____   38) 8 x 7 = _____   39) 8 x 4 = _____

40) 8 x 4 = _____   41) 8 x 2 = _____   42) 8 x 10 = _____

43) 8 x 5 = _____   44) 8 x 3 = _____   45) 8 x 2 = _____

46) 8 x 6 = _____   47) 8 x 4 = _____   48) 8 x 3 = _____

49) 8 x 8 = _____   50) 8 x 9 = _____   51) 8 x 5 = _____

52) 8 x 5 = _____   53) 8 x 9 = _____   54) 8 x 10 = _____

55) 8 x 6 = _____   56) 8 x 1 = _____   57) 8 x 7 = _____

58) 8 x 8 = _____   59) 8 x 7 = _____   60) 8 x 10 = _____

Answer Key

Multiplication Worksheet For 8

1) 8 x 9 = **72**

2) 8 x 2 = **16**

3) 8 x 1 = **8**

4) 8 x 9 = **72**

5) 8 x 7 = **56**

6) 8 x 9 = **72**

7) 8 x 2 = **16**

8) 8 x 3 = **24**

9) 8 x 9 = **72**

10) 8 x 4 = **32**

11) 8 x 6 = **48**

12) 8 x 8 = **64**

13) 8 x 9 = **72**

14) 8 x 3 = **24**

15) 8 x 10 = **80**

16) 8 x 9 = **72**

17) 8 x 6 = **48**

18) 8 x 4 = **32**

19) 8 x 4 = **32**

20) 8 x 5 = **40**

21) 8 x 7 = **56**

22) 8 x 9 = **72**

23) 8 x 10 = **80**

24) 8 x 3 = **24**

25) 8 x 2 = **16**

26) 8 x 6 = **48**

27) 8 x 8 = **64**

28) 8 x 8 = **64**

29) 8 x 10 = **80**

30) 8 x 6 = **48**

31) 8 x 2 = **16**

32) 8 x 9 = **72**

33) 8 x 3 = **24**

34) 8 x 10 = **80**

35) 8 x 4 = **32**

36) 8 x 2 = **16**

37) 8 x 9 = **72**

38) 8 x 7 = **56**

39) 8 x 4 = **32**

40) 8 x 4 = **32**

41) 8 x 2 = **16**

42) 8 x 10 = **80**

43) 8 x 5 = **40**

44) 8 x 3 = **24**

45) 8 x 2 = **16**

46) 8 x 6 = **48**

47) 8 x 4 = **32**

48) 8 x 3 = **24**

49) 8 x 8 = **64**

50) 8 x 9 = **72**

51) 8 x 5 = **40**

52) 8 x 5 = **40**

53) 8 x 9 = **72**

54) 8 x 10 = **80**

55) 8 x 6 = **48**

56) 8 x 1 = **8**

57) 8 x 7 = **56**

58) 8 x 8 = **64**

59) 8 x 7 = **56**

60) 8 x 10 = **80**

Date : _____   Name : _____
Time : _____   Score : _____/60

Multiplication Worksheet For 9

1) 9 x 10 = _____   2) 9 x 5 = _____   3) 9 x 4 = _____

4) 9 x 2 = _____   5) 9 x 2 = _____   6) 9 x 1 = _____

7) 9 x 9 = _____   8) 9 x 10 = _____   9) 9 x 7 = _____

10) 9 x 10 = _____   11) 9 x 10 = _____   12) 9 x 3 = _____

13) 9 x 9 = _____   14) 9 x 10 = _____   15) 9 x 6 = _____

16) 9 x 1 = _____   17) 9 x 5 = _____   18) 9 x 1 = _____

19) 9 x 5 = _____   20) 9 x 3 = _____   21) 9 x 6 = _____

22) 9 x 2 = _____   23) 9 x 10 = _____   24) 9 x 5 = _____

25) 9 x 5 = _____   26) 9 x 6 = _____   27) 9 x 3 = _____

28) 9 x 7 = _____   29) 9 x 2 = _____   30) 9 x 8 = _____

31) 9 x 5 = _____   32) 9 x 2 = _____   33) 9 x 3 = _____

34) 9 x 2 = _____   35) 9 x 9 = _____   36) 9 x 8 = _____

37) 9 x 10 = _____   38) 9 x 6 = _____   39) 9 x 3 = _____

40) 9 x 5 = _____   41) 9 x 3 = _____   42) 9 x 9 = _____

43) 9 x 3 = _____   44) 9 x 3 = _____   45) 9 x 8 = _____

46) 9 x 4 = _____   47) 9 x 4 = _____   48) 9 x 6 = _____

49) 9 x 2 = _____   50) 9 x 2 = _____   51) 9 x 9 = _____

52) 9 x 8 = _____   53) 9 x 3 = _____   54) 9 x 7 = _____

55) 9 x 5 = _____   56) 9 x 7 = _____   57) 9 x 5 = _____

58) 9 x 2 = _____   59) 9 x 9 = _____   60) 9 x 5 = _____

Answer Key
Multiplication Worksheet For 9

1) 9 x 10 = **90**

2) 9 x 5 = **45**

3) 9 x 4 = **36**

4) 9 x 2 = **18**

5) 9 x 2 = **18**

6) 9 x 1 = **9**

7) 9 x 9 = **81**

8) 9 x 10 = **90**

9) 9 x 7 = **63**

10) 9 x 10 = **90**

11) 9 x 10 = **90**

12) 9 x 3 = **27**

13) 9 x 9 = **81**

14) 9 x 10 = **90**

15) 9 x 6 = **54**

16) 9 x 1 = **9**

17) 9 x 5 = **45**

18) 9 x 1 = **9**

19) 9 x 5 = **45**

20) 9 x 3 = **27**

21) 9 x 6 = **54**

22) 9 x 2 = **18**

23) 9 x 10 = **90**

24) 9 x 5 = **45**

25) 9 x 5 = **45**

26) 9 x 6 = **54**

27) 9 x 3 = **27**

28) 9 x 7 = **63**

29) 9 x 2 = **18**

30) 9 x 8 = **72**

31) 9 x 5 = **45**

32) 9 x 2 = **18**

33) 9 x 3 = **27**

34) 9 x 2 = **18**

35) 9 x 9 = **81**

36) 9 x 8 = **72**

37) 9 x 10 = **90**

38) 9 x 6 = **54**

39) 9 x 3 = **27**

40) 9 x 5 = **45**

41) 9 x 3 = **27**

42) 9 x 9 = **81**

43) 9 x 3 = **27**

44) 9 x 3 = **27**

45) 9 x 8 = **72**

46) 9 x 4 = **36**

47) 9 x 4 = **36**

48) 9 x 6 = **54**

49) 9 x 2 = **18**

50) 9 x 2 = **18**

51) 9 x 9 = **81**

52) 9 x 8 = **72**

53) 9 x 3 = **27**

54) 9 x 7 = **63**

55) 9 x 5 = **45**

56) 9 x 7 = **63**

57) 9 x 5 = **45**

58) 9 x 2 = **18**

59) 9 x 9 = **81**

60) 9 x 5 = **45**

Date : _____   Name : _____
Time : _____   Score : _____/60

 Multiplication Worksheet For 9

1) 9 x 3 = _____   2) 9 x 9 = _____   3) 9 x 5 = _____

4) 9 x 8 = _____   5) 9 x 2 = _____   6) 9 x 9 = _____

7) 9 x 4 = _____   8) 9 x 7 = _____   9) 9 x 3 = _____

10) 9 x 2 = _____   11) 9 x 10 = _____   12) 9 x 8 = _____

13) 9 x 4 = _____   14) 9 x 9 = _____   15) 9 x 7 = _____

16) 9 x 2 = _____   17) 9 x 8 = _____   18) 9 x 8 = _____

19) 9 x 9 = _____   20) 9 x 6 = _____   21) 9 x 7 = _____

22) 9 x 9 = _____   23) 9 x 10 = _____   24) 9 x 4 = _____

25) 9 x 7 = _____   26) 9 x 7 = _____   27) 9 x 9 = _____

28) 9 x 7 = _____   29) 9 x 6 = _____   30) 9 x 8 = _____

31) 9 x 2 = _____   32) 9 x 10 = _____   33) 9 x 4 = _____

34) 9 x 1 = _____   35) 9 x 4 = _____   36) 9 x 4 = _____

37) 9 x 1 = _____   38) 9 x 7 = _____   39) 9 x 6 = _____

40) 9 x 3 = _____   41) 9 x 7 = _____   42) 9 x 2 = _____

43) 9 x 10 = _____   44) 9 x 5 = _____   45) 9 x 8 = _____

46) 9 x 9 = _____   47) 9 x 5 = _____   48) 9 x 6 = _____

49) 9 x 7 = _____   50) 9 x 8 = _____   51) 9 x 10 = _____

52) 9 x 8 = _____   53) 9 x 6 = _____   54) 9 x 8 = _____

55) 9 x 3 = _____   56) 9 x 6 = _____   57) 9 x 4 = _____

58) 9 x 5 = _____   59) 9 x 10 = _____   60) 9 x 6 = _____

Answer Key
Multiplication Worksheet For 9

1) 9 x 3 = **27**

2) 9 x 9 = **81**

3) 9 x 5 = **45**

4) 9 x 8 = **72**

5) 9 x 2 = **18**

6) 9 x 9 = **81**

7) 9 x 4 = **36**

8) 9 x 7 = **63**

9) 9 x 3 = **27**

10) 9 x 2 = **18**

11) 9 x 10 = **90**

12) 9 x 8 = **72**

13) 9 x 4 = **36**

14) 9 x 9 = **81**

15) 9 x 7 = **63**

16) 9 x 2 = **18**

17) 9 x 8 = **72**

18) 9 x 8 = **72**

19) 9 x 9 = **81**

20) 9 x 6 = **54**

21) 9 x 7 = **63**

22) 9 x 9 = **81**

23) 9 x 10 = **90**

24) 9 x 4 = **36**

25) 9 x 7 = **63**

26) 9 x 7 = **63**

27) 9 x 9 = **81**

28) 9 x 7 = **63**

29) 9 x 6 = **54**

30) 9 x 8 = **72**

31) 9 x 2 = **18**

32) 9 x 10 = **90**

33) 9 x 4 = **36**

34) 9 x 1 = **9**

35) 9 x 4 = **36**

36) 9 x 4 = **36**

37) 9 x 1 = **9**

38) 9 x 7 = **63**

39) 9 x 6 = **54**

40) 9 x 3 = **27**

41) 9 x 7 = **63**

42) 9 x 2 = **18**

43) 9 x 10 = **90**

44) 9 x 5 = **45**

45) 9 x 8 = **72**

46) 9 x 9 = **81**

47) 9 x 5 = **45**

48) 9 x 6 = **54**

49) 9 x 7 = **63**

50) 9 x 8 = **72**

51) 9 x 10 = **90**

52) 9 x 8 = **72**

53) 9 x 6 = **54**

54) 9 x 8 = **72**

55) 9 x 3 = **27**

56) 9 x 6 = **54**

57) 9 x 4 = **36**

58) 9 x 5 = **45**

59) 9 x 10 = **90**

60) 9 x 6 = **54**

Date : _____   Name : _____
Time : _____   Score : _____/60

 Multiplication Worksheet For 10

1) 10 x 8 = _____   2) 10 x 2 = _____   3) 10 x 5 = _____

4) 10 x 4 = _____   5) 10 x 6 = _____   6) 10 x 7 = _____

7) 10 x 5 = _____   8) 10 x 7 = _____   9) 10 x 7 = _____

10) 10 x 6 = _____   11) 10 x 7 = _____   12) 10 x 7 = _____

13) 10 x 7 = _____   14) 10 x 4 = _____   15) 10 x 1 = _____

16) 10 x 4 = _____   17) 10 x 2 = _____   18) 10 x 9 = _____

19) 10 x 3 = _____   20) 10 x 6 = _____   21) 10 x 7 = _____

22) 10 x 8 = _____   23) 10 x 7 = _____   24) 10 x 6 = _____

25) 10 x 5 = _____   26) 10 x 2 = _____   27) 10 x 7 = _____

28) 10 x 3 = _____   29) 10 x 6 = _____   30) 10 x 10 = _____

31) 10 x 3 = _____   32) 10 x 8 = _____   33) 10 x 3 = _____

34) 10 x 8 = _____   35) 10 x 4 = _____   36) 10 x 4 = _____

37) 10 x 2 = _____   38) 10 x 7 = _____   39) 10 x 7 = _____

40) 10 x 10 = _____   41) 10 x 8 = _____   42) 10 x 7 = _____

43) 10 x 6 = _____   44) 10 x 10 = _____   45) 10 x 4 = _____

46) 10 x 5 = _____   47) 10 x 5 = _____   48) 10 x 9 = _____

49) 10 x 9 = _____   50) 10 x 7 = _____   51) 10 x 5 = _____

52) 10 x 10 = _____   53) 10 x 8 = _____   54) 10 x 6 = _____

55) 10 x 8 = _____   56) 10 x 6 = _____   57) 10 x 2 = _____

58) 10 x 7 = _____   59) 10 x 3 = _____   60) 10 x 2 = _____

Answer Key

Multiplication Worksheet For 10

1) 10 x 8 = **80**

2) 10 x 2 = **20**

3) 10 x 5 = **50**

4) 10 x 4 = **40**

5) 10 x 6 = **60**

6) 10 x 7 = **70**

7) 10 x 5 = **50**

8) 10 x 7 = **70**

9) 10 x 7 = **70**

10) 10 x 6 = **60**

11) 10 x 7 = **70**

12) 10 x 7 = **70**

13) 10 x 7 = **70**

14) 10 x 4 = **40**

15) 10 x 1 = **10**

16) 10 x 4 = **40**

17) 10 x 2 = **20**

18) 10 x 9 = **90**

19) 10 x 3 = **30**

20) 10 x 6 = **60**

21) 10 x 7 = **70**

22) 10 x 8 = **80**

23) 10 x 7 = **70**

24) 10 x 6 = **60**

25) 10 x 5 = **50**

26) 10 x 2 = **20**

27) 10 x 7 = **70**

28) 10 x 3 = **30**

29) 10 x 6 = **60**

30) 10 x 10 = **100**

31) 10 x 3 = **30**

32) 10 x 8 = **80**

33) 10 x 3 = **30**

34) 10 x 8 = **80**

35) 10 x 4 = **40**

36) 10 x 4 = **40**

37) 10 x 2 = **20**

38) 10 x 7 = **70**

39) 10 x 7 = **70**

40) 10 x 10 = **100**

41) 10 x 8 = **80**

42) 10 x 7 = **70**

43) 10 x 6 = **60**

44) 10 x 10 = **100**

45) 10 x 4 = **40**

46) 10 x 5 = **50**

47) 10 x 5 = **50**

48) 10 x 9 = **90**

49) 10 x 9 = **90**

50) 10 x 7 = **70**

51) 10 x 5 = **50**

52) 10 x 10 = **100**

53) 10 x 8 = **80**

54) 10 x 6 = **60**

55) 10 x 8 = **80**

56) 10 x 6 = **60**

57) 10 x 2 = **20**

58) 10 x 7 = **70**

59) 10 x 3 = **30**

60) 10 x 2 = **20**

Date : _____   Name : _____
Time : _____   Score : ____/60

 Multiplication Worksheet For 10

1) 10 x 5 = _____   2) 10 x 8 = _____   3) 10 x 10 = _____

4) 10 x 2 = _____   5) 10 x 4 = _____   6) 10 x 10 = _____

7) 10 x 8 = _____   8) 10 x 3 = _____   9) 10 x 5 = _____

10) 10 x 8 = _____   11) 10 x 5 = _____   12) 10 x 10 = _____

13) 10 x 10 = _____   14) 10 x 10 = _____   15) 10 x 6 = _____

16) 10 x 10 = _____   17) 10 x 5 = _____   18) 10 x 6 = _____

19) 10 x 10 = _____   20) 10 x 4 = _____   21) 10 x 8 = _____

22) 10 x 1 = _____   23) 10 x 7 = _____   24) 10 x 8 = _____

25) 10 x 5 = _____   26) 10 x 8 = _____   27) 10 x 3 = _____

28) 10 x 4 = _____   29) 10 x 3 = _____   30) 10 x 8 = _____

31) 10 x 1 = _____   32) 10 x 7 = _____   33) 10 x 9 = _____

34) 10 x 3 = _____   35) 10 x 8 = _____   36) 10 x 6 = _____

37) 10 x 5 = _____   38) 10 x 4 = _____   39) 10 x 10 = _____

40) 10 x 7 = _____   41) 10 x 3 = _____   42) 10 x 6 = _____

43) 10 x 5 = _____   44) 10 x 9 = _____   45) 10 x 2 = _____

46) 10 x 9 = _____   47) 10 x 9 = _____   48) 10 x 9 = _____

49) 10 x 8 = _____   50) 10 x 2 = _____   51) 10 x 2 = _____

52) 10 x 2 = _____   53) 10 x 10 = _____   54) 10 x 4 = _____

55) 10 x 7 = _____   56) 10 x 4 = _____   57) 10 x 2 = _____

58) 10 x 7 = _____   59) 10 x 6 = _____   60) 10 x 8 = _____

Answer Key

Multiplication Worksheet For 10

1) 10 x 5 = **50**

2) 10 x 8 = **80**

3) 10 x 10 = **100**

4) 10 x 2 = **20**

5) 10 x 4 = **40**

6) 10 x 10 = **100**

7) 10 x 8 = **80**

8) 10 x 3 = **30**

9) 10 x 5 = **50**

10) 10 x 8 = **80**

11) 10 x 5 = **50**

12) 10 x 10 = **100**

13) 10 x 10 = **100**

14) 10 x 10 = **100**

15) 10 x 6 = **60**

16) 10 x 10 = **100**

17) 10 x 5 = **50**

18) 10 x 6 = **60**

19) 10 x 10 = **100**

20) 10 x 4 = **40**

21) 10 x 8 = **80**

22) 10 x 1 = **10**

23) 10 x 7 = **70**

24) 10 x 8 = **80**

25) 10 x 5 = **50**

26) 10 x 8 = **80**

27) 10 x 3 = **30**

28) 10 x 4 = **40**

29) 10 x 3 = **30**

30) 10 x 8 = **80**

31) 10 x 1 = **10**

32) 10 x 7 = **70**

33) 10 x 9 = **90**

34) 10 x 3 = **30**

35) 10 x 8 = **80**

36) 10 x 6 = **60**

37) 10 x 5 = **50**

38) 10 x 4 = **40**

39) 10 x 10 = **100**

40) 10 x 7 = **70**

41) 10 x 3 = **30**

42) 10 x 6 = **60**

43) 10 x 5 = **50**

44) 10 x 9 = **90**

45) 10 x 2 = **20**

46) 10 x 9 = **90**

47) 10 x 9 = **90**

48) 10 x 9 = **90**

49) 10 x 8 = **80**

50) 10 x 2 = **20**

51) 10 x 2 = **20**

52) 10 x 2 = **20**

53) 10 x 10 = **100**

54) 10 x 4 = **40**

55) 10 x 7 = **70**

56) 10 x 4 = **40**

57) 10 x 2 = **20**

58) 10 x 7 = **70**

59) 10 x 6 = **60**

60) 10 x 8 = **80**

Date : _____   Name : _____

Time : _____   Score : _____/60

   Multiplication Worksheet For 11

1) 11 x 1 = _____   2) 11 x 4 = _____   3) 11 x 4 = _____

4) 11 x 4 = _____   5) 11 x 11 = _____   6) 11 x 9 = _____

7) 11 x 4 = _____   8) 11 x 2 = _____   9) 11 x 7 = _____

10) 11 x 3 = _____   11) 11 x 7 = _____   12) 11 x 6 = _____

13) 11 x 12 = _____   14) 11 x 2 = _____   15) 11 x 4 = _____

16) 11 x 10 = _____   17) 11 x 2 = _____   18) 11 x 4 = _____

19) 11 x 5 = _____   20) 11 x 6 = _____   21) 11 x 9 = _____

22) 11 x 4 = _____   23) 11 x 7 = _____   24) 11 x 5 = _____

25) 11 x 6 = _____   26) 11 x 1 = _____   27) 11 x 7 = _____

28) 11 x 11 = _____   29) 11 x 10 = _____   30) 11 x 6 = _____

31) 11 x 4 = _____   32) 11 x 7 = _____   33) 11 x 11 = _____

34) 11 x 6 = _____   35) 11 x 3 = _____   36) 11 x 4 = _____

37) 11 x 8 = _____   38) 11 x 2 = _____   39) 11 x 2 = _____

40) 11 x 10 = _____   41) 11 x 2 = _____   42) 11 x 1 = _____

43) 11 x 8 = _____   44) 11 x 7 = _____   45) 11 x 11 = _____

46) 11 x 4 = _____   47) 11 x 3 = _____   48) 11 x 10 = _____

49) 11 x 6 = _____   50) 11 x 3 = _____   51) 11 x 5 = _____

52) 11 x 7 = _____   53) 11 x 8 = _____   54) 11 x 3 = _____

55) 11 x 9 = _____   56) 11 x 5 = _____   57) 11 x 6 = _____

58) 11 x 11 = _____   59) 11 x 12 = _____   60) 11 x 4 = _____

Answer Key

Multiplication Worksheet For 11

1) 11 x 1 = **11** 2) 11 x 4 = **44** 3) 11 x 4 = **44**

4) 11 x 4 = **44** 5) 11 x 11 = **121** 6) 11 x 9 = **99**

7) 11 x 4 = **44** 8) 11 x 2 = **22** 9) 11 x 7 = **77**

10) 11 x 3 = **33** 11) 11 x 7 = **77** 12) 11 x 6 = **66**

13) 11 x 12 = **132** 14) 11 x 2 = **22** 15) 11 x 4 = **44**

16) 11 x 10 = **110** 17) 11 x 2 = **22** 18) 11 x 4 = **44**

19) 11 x 5 = **55** 20) 11 x 6 = **66** 21) 11 x 9 = **99**

22) 11 x 4 = **44** 23) 11 x 7 = **77** 24) 11 x 5 = **55**

25) 11 x 6 = **66** 26) 11 x 1 = **11** 27) 11 x 7 = **77**

28) 11 x 11 = **121** 29) 11 x 10 = **110** 30) 11 x 6 = **66**

31) 11 x 4 = **44** 32) 11 x 7 = **77** 33) 11 x 11 = **121**

34) 11 x 6 = **66** 35) 11 x 3 = **33** 36) 11 x 4 = **44**

37) 11 x 8 = **88** 38) 11 x 2 = **22** 39) 11 x 2 = **22**

40) 11 x 10 = **110** 41) 11 x 2 = **22** 42) 11 x 1 = **11**

43) 11 x 8 = **88** 44) 11 x 7 = **77** 45) 11 x 11 = **121**

46) 11 x 4 = **44** 47) 11 x 3 = **33** 48) 11 x 10 = **110**

49) 11 x 6 = **66** 50) 11 x 3 = **33** 51) 11 x 5 = **55**

52) 11 x 7 = **77** 53) 11 x 8 = **88** 54) 11 x 3 = **33**

55) 11 x 9 = **99** 56) 11 x 5 = **55** 57) 11 x 6 = **66**

58) 11 x 11 = **121** 59) 11 x 12 = **132** 60) 11 x 4 = **44**

Date : _____   Name : _____
Time : _____   Score : _____/60

 Multiplication Worksheet For 11

1) 11 x 7 = _____   2) 11 x 10 = _____   3) 11 x 10 = _____

4) 11 x 5 = _____   5) 11 x 9 = _____   6) 11 x 2 = _____

7) 11 x 9 = _____   8) 11 x 8 = _____   9) 11 x 9 = _____

10) 11 x 6 = _____   11) 11 x 8 = _____   12) 11 x 6 = _____

13) 11 x 3 = _____   14) 11 x 8 = _____   15) 11 x 1 = _____

16) 11 x 4 = _____   17) 11 x 6 = _____   18) 11 x 9 = _____

19) 11 x 5 = _____   20) 11 x 6 = _____   21) 11 x 11 = _____

22) 11 x 3 = _____   23) 11 x 7 = _____   24) 11 x 6 = _____

25) 11 x 5 = _____   26) 11 x 3 = _____   27) 11 x 5 = _____

28) 11 x 2 = _____   29) 11 x 4 = _____   30) 11 x 3 = _____

31) 11 x 12 = _____   32) 11 x 11 = _____   33) 11 x 3 = _____

34) 11 x 8 = _____   35) 11 x 11 = _____   36) 11 x 4 = _____

37) 11 x 11 = _____   38) 11 x 7 = _____   39) 11 x 1 = _____

40) 11 x 4 = _____   41) 11 x 8 = _____   42) 11 x 5 = _____

43) 11 x 7 = _____   44) 11 x 3 = _____   45) 11 x 6 = _____

46) 11 x 2 = _____   47) 11 x 4 = _____   48) 11 x 3 = _____

49) 11 x 11 = _____   50) 11 x 4 = _____   51) 11 x 8 = _____

52) 11 x 9 = _____   53) 11 x 2 = _____   54) 11 x 3 = _____

55) 11 x 12 = _____   56) 11 x 8 = _____   57) 11 x 6 = _____

58) 11 x 10 = _____   59) 11 x 7 = _____   60) 11 x 7 = _____

Answer Key

Multiplication Worksheet For 11

1) 11 x 7 = **77**

2) 11 x 10 = **110**

3) 11 x 10 = **110**

4) 11 x 5 = **55**

5) 11 x 9 = **99**

6) 11 x 2 = **22**

7) 11 x 9 = **99**

8) 11 x 8 = **88**

9) 11 x 9 = **99**

10) 11 x 6 = **66**

11) 11 x 8 = **88**

12) 11 x 6 = **66**

13) 11 x 3 = **33**

14) 11 x 8 = **88**

15) 11 x 1 = **11**

16) 11 x 4 = **44**

17) 11 x 6 = **66**

18) 11 x 9 = **99**

19) 11 x 5 = **55**

20) 11 x 6 = **66**

21) 11 x 11 = **121**

22) 11 x 3 = **33**

23) 11 x 7 = **77**

24) 11 x 6 = **66**

25) 11 x 5 = **55**

26) 11 x 3 = **33**

27) 11 x 5 = **55**

28) 11 x 2 = **22**

29) 11 x 4 = **44**

30) 11 x 3 = **33**

31) 11 x 12 = **132**

32) 11 x 11 = **121**

33) 11 x 3 = **33**

34) 11 x 8 = **88**

35) 11 x 11 = **121**

36) 11 x 4 = **44**

37) 11 x 11 = **121**

38) 11 x 7 = **77**

39) 11 x 1 = **11**

40) 11 x 4 = **44**

41) 11 x 8 = **88**

42) 11 x 5 = **55**

43) 11 x 7 = **77**

44) 11 x 3 = **33**

45) 11 x 6 = **66**

46) 11 x 2 = **22**

47) 11 x 4 = **44**

48) 11 x 3 = **33**

49) 11 x 11 = **121**

50) 11 x 4 = **44**

51) 11 x 8 = **88**

52) 11 x 9 = **99**

53) 11 x 2 = **22**

54) 11 x 3 = **33**

55) 11 x 12 = **132**

56) 11 x 8 = **88**

57) 11 x 6 = **66**

58) 11 x 10 = **110**

59) 11 x 7 = **77**

60) 11 x 7 = **77**

Date : _____   Name : _____
Time : _____   Score : _____/60

 Multiplication Worksheet For 12

1) 12 x 8 = _____   2) 12 x 5 = _____   3) 12 x 6 = _____

4) 12 x 8 = _____   5) 12 x 10 = _____   6) 12 x 5 = _____

7) 12 x 3 = _____   8) 12 x 4 = _____   9) 12 x 9 = _____

10) 12 x 6 = _____   11) 12 x 9 = _____   12) 12 x 3 = _____

13) 12 x 5 = _____   14) 12 x 5 = _____   15) 12 x 3 = _____

16) 12 x 6 = _____   17) 12 x 3 = _____   18) 12 x 12 = _____

19) 12 x 3 = _____   20) 12 x 4 = _____   21) 12 x 7 = _____

22) 12 x 2 = _____   23) 12 x 9 = _____   24) 12 x 5 = _____

25) 12 x 8 = _____   26) 12 x 11 = _____   27) 12 x 9 = _____

28) 12 x 5 = _____   29) 12 x 7 = _____   30) 12 x 6 = _____

31) 12 x 2 = _____   32) 12 x 3 = _____   33) 12 x 7 = _____

34) 12 x 2 = _____   35) 12 x 3 = _____   36) 12 x 7 = _____

37) 12 x 3 = _____   38) 12 x 2 = _____   39) 12 x 3 = _____

40) 12 x 10 = _____   41) 12 x 8 = _____   42) 12 x 9 = _____

43) 12 x 8 = _____   44) 12 x 1 = _____   45) 12 x 10 = _____

46) 12 x 11 = _____   47) 12 x 7 = _____   48) 12 x 10 = _____

49) 12 x 12 = _____   50) 12 x 9 = _____   51) 12 x 3 = _____

52) 12 x 5 = _____   53) 12 x 7 = _____   54) 12 x 12 = _____

55) 12 x 7 = _____   56) 12 x 9 = _____   57) 12 x 9 = _____

58) 12 x 5 = _____   59) 12 x 5 = _____   60) 12 x 6 = _____

Answer Key

Multiplication Worksheet For 12

1) 12 x 8 = **96**

2) 12 x 5 = **60**

3) 12 x 6 = **72**

4) 12 x 8 = **96**

5) 12 x 10 = **120**

6) 12 x 5 = **60**

7) 12 x 3 = **36**

8) 12 x 4 = **48**

9) 12 x 9 = **108**

10) 12 x 6 = **72**

11) 12 x 9 = **108**

12) 12 x 3 = **36**

13) 12 x 5 = **60**

14) 12 x 5 = **60**

15) 12 x 3 = **36**

16) 12 x 6 = **72**

17) 12 x 3 = **36**

18) 12 x 12 = **144**

19) 12 x 3 = **36**

20) 12 x 4 = **48**

21) 12 x 7 = **84**

22) 12 x 2 = **24**

23) 12 x 9 = **108**

24) 12 x 5 = **60**

25) 12 x 8 = **96**

26) 12 x 11 = **132**

27) 12 x 9 = **108**

28) 12 x 5 = **60**

29) 12 x 7 = **84**

30) 12 x 6 = **72**

31) 12 x 2 = **24**

32) 12 x 3 = **36**

33) 12 x 7 = **84**

34) 12 x 2 = **24**

35) 12 x 3 = **36**

36) 12 x 7 = **84**

37) 12 x 3 = **36**

38) 12 x 2 = **24**

39) 12 x 3 = **36**

40) 12 x 10 = **120**

41) 12 x 8 = **96**

42) 12 x 9 = **108**

43) 12 x 8 = **96**

44) 12 x 1 = **12**

45) 12 x 10 = **120**

46) 12 x 11 = **132**

47) 12 x 7 = **84**

48) 12 x 10 = **120**

49) 12 x 12 = **144**

50) 12 x 9 = **108**

51) 12 x 3 = **36**

52) 12 x 5 = **60**

53) 12 x 7 = **84**

54) 12 x 12 = **144**

55) 12 x 7 = **84**

56) 12 x 9 = **108**

57) 12 x 9 = **108**

58) 12 x 5 = **60**

59) 12 x 5 = **60**

60) 12 x 6 = **72**

Date : _____   Name : _____
Time : _____   Score : _____/60

 Multiplication Worksheet For 12

1) 12 x 10 = _____   2) 12 x 3 = _____   3) 12 x 3 = _____

4) 12 x 6 = _____   5) 12 x 2 = _____   6) 12 x 10 = _____

7) 12 x 8 = _____   8) 12 x 8 = _____   9) 12 x 11 = _____

10) 12 x 9 = _____   11) 12 x 8 = _____   12) 12 x 11 = _____

13) 12 x 1 = _____   14) 12 x 9 = _____   15) 12 x 4 = _____

16) 12 x 11 = _____   17) 12 x 7 = _____   18) 12 x 11 = _____

19) 12 x 3 = _____   20) 12 x 2 = _____   21) 12 x 3 = _____

22) 12 x 3 = _____   23) 12 x 6 = _____   24) 12 x 8 = _____

25) 12 x 7 = _____   26) 12 x 8 = _____   27) 12 x 7 = _____

28) 12 x 1 = _____   29) 12 x 5 = _____   30) 12 x 5 = _____

31) 12 x 9 = _____   32) 12 x 11 = _____   33) 12 x 1 = _____

34) 12 x 9 = _____   35) 12 x 3 = _____   36) 12 x 6 = _____

37) 12 x 11 = _____   38) 12 x 12 = _____   39) 12 x 8 = _____

40) 12 x 12 = _____   41) 12 x 12 = _____   42) 12 x 8 = _____

43) 12 x 5 = _____   44) 12 x 4 = _____   45) 12 x 10 = _____

46) 12 x 11 = _____   47) 12 x 4 = _____   48) 12 x 3 = _____

49) 12 x 3 = _____   50) 12 x 4 = _____   51) 12 x 3 = _____

52) 12 x 11 = _____   53) 12 x 2 = _____   54) 12 x 10 = _____

55) 12 x 6 = _____   56) 12 x 6 = _____   57) 12 x 9 = _____

58) 12 x 5 = _____   59) 12 x 7 = _____   60) 12 x 1 = _____

Answer Key

Multiplication Worksheet For 12

1) 12 x 10 = **120**   2) 12 x 3 = **36**   3) 12 x 3 = **36**

4) 12 x 6 = **72**   5) 12 x 2 = **24**   6) 12 x 10 = **120**

7) 12 x 8 = **96**   8) 12 x 8 = **96**   9) 12 x 11 = **132**

10) 12 x 9 = **108**   11) 12 x 8 = **96**   12) 12 x 11 = **132**

13) 12 x 1 = **12**   14) 12 x 9 = **108**   15) 12 x 4 = **48**

16) 12 x 11 = **132**   17) 12 x 7 = **84**   18) 12 x 11 = **132**

19) 12 x 3 = **36**   20) 12 x 2 = **24**   21) 12 x 3 = **36**

22) 12 x 3 = **36**   23) 12 x 6 = **72**   24) 12 x 8 = **96**

25) 12 x 7 = **84**   26) 12 x 8 = **96**   27) 12 x 7 = **84**

28) 12 x 1 = **12**   29) 12 x 5 = **60**   30) 12 x 5 = **60**

31) 12 x 9 = **108**   32) 12 x 11 = **132**   33) 12 x 1 = **12**

34) 12 x 9 = **108**   35) 12 x 3 = **36**   36) 12 x 6 = **72**

37) 12 x 11 = **132**   38) 12 x 12 = **144**   39) 12 x 8 = **96**

40) 12 x 12 = **144**   41) 12 x 12 = **144**   42) 12 x 8 = **96**

43) 12 x 5 = **60**   44) 12 x 4 = **48**   45) 12 x 10 = **120**

46) 12 x 11 = **132**   47) 12 x 4 = **48**   48) 12 x 3 = **36**

49) 12 x 3 = **36**   50) 12 x 4 = **48**   51) 12 x 3 = **36**

52) 12 x 11 = **132**   53) 12 x 2 = **24**   54) 12 x 10 = **120**

55) 12 x 6 = **72**   56) 12 x 6 = **72**   57) 12 x 9 = **108**

58) 12 x 5 = **60**   59) 12 x 7 = **84**   60) 12 x 1 = **12**

Date : _____   Name : _____

Time : _____   Score : _____/60

 Multiplication Worksheet For 1 to 9

1) 5 x 5 = _____   2) 9 x 4 = _____   3) 8 x 4 = _____

4) 8 x 2 = _____   5) 6 x 2 = _____   6) 7 x 5 = _____

7) 5 x 4 = _____   8) 6 x 3 = _____   9) 6 x 4 = _____

10) 8 x 2 = _____   11) 9 x 2 = _____   12) 6 x 2 = _____

13) 6 x 2 = _____   14) 7 x 3 = _____   15) 5 x 5 = _____

16) 5 x 2 = _____   17) 9 x 3 = _____   18) 6 x 1 = _____

19) 7 x 1 = _____   20) 6 x 2 = _____   21) 5 x 5 = _____

22) 7 x 4 = _____   23) 8 x 3 = _____   24) 5 x 3 = _____

25) 8 x 1 = _____   26) 7 x 4 = _____   27) 9 x 1 = _____

28) 5 x 4 = _____   29) 6 x 2 = _____   30) 5 x 4 = _____

31) 7 x 3 = _____   32) 5 x 3 = _____   33) 9 x 4 = _____

34) 6 x 4 = _____   35) 8 x 4 = _____   36) 8 x 3 = _____

37) 9 x 2 = _____   38) 8 x 1 = _____   39) 8 x 4 = _____

40) 5 x 2 = _____   41) 6 x 2 = _____   42) 8 x 5 = _____

43) 8 x 2 = _____   44) 5 x 4 = _____   45) 7 x 2 = _____

46) 5 x 4 = _____   47) 8 x 2 = _____   48) 7 x 4 = _____

49) 7 x 4 = _____   50) 5 x 2 = _____   51) 7 x 4 = _____

52) 8 x 5 = _____   53) 6 x 2 = _____   54) 5 x 3 = _____

55) 5 x 3 = _____   56) 5 x 5 = _____   57) 8 x 5 = _____

58) 6 x 2 = _____   59) 8 x 3 = _____   60) 6 x 4 = _____

Answer Key
Multiplication Worksheet 1 to 9

1) 5 x 5 = **25**   2) 9 x 4 = **36**   3) 8 x 4 = **32**

4) 8 x 2 = **16**   5) 6 x 2 = **12**   6) 7 x 5 = **35**

7) 5 x 4 = **20**   8) 6 x 3 = **18**   9) 6 x 4 = **24**

10) 8 x 2 = **16**   11) 9 x 2 = **18**   12) 6 x 2 = **12**

13) 6 x 2 = **12**   14) 7 x 3 = **21**   15) 5 x 5 = **25**

16) 5 x 2 = **10**   17) 9 x 3 = **27**   18) 6 x 1 = **6**

19) 7 x 1 = **7**   20) 6 x 2 = **12**   21) 5 x 5 = **25**

22) 7 x 4 = **28**   23) 8 x 3 = **24**   24) 5 x 3 = **15**

25) 8 x 1 = **8**   26) 7 x 4 = **28**   27) 9 x 1 = **9**

28) 5 x 4 = **20**   29) 6 x 2 = **12**   30) 5 x 4 = **20**

31) 7 x 3 = **21**   32) 5 x 3 = **15**   33) 9 x 4 = **36**

34) 6 x 4 = **24**   35) 8 x 4 = **32**   36) 8 x 3 = **24**

37) 9 x 2 = **18**   38) 8 x 1 = **8**   39) 8 x 4 = **32**

40) 5 x 2 = **10**   41) 6 x 2 = **12**   42) 8 x 5 = **40**

43) 8 x 2 = **16**   44) 5 x 4 = **20**   45) 7 x 2 = **14**

46) 5 x 4 = **20**   47) 8 x 2 = **16**   48) 7 x 4 = **28**

49) 7 x 4 = **28**   50) 5 x 2 = **10**   51) 7 x 4 = **28**

52) 8 x 5 = **40**   53) 6 x 2 = **12**   54) 5 x 3 = **15**

55) 5 x 3 = **15**   56) 5 x 5 = **25**   57) 8 x 5 = **40**

58) 6 x 2 = **12**   59) 8 x 3 = **24**   60) 6 x 4 = **24**

Date : _____   Name : _____

Time : _____   Score : _____/60

 Multiplication Worksheet For 1 to 9

1) 5 x 5 = _____   2) 5 x 5 = _____   3) 6 x 2 = _____

4) 6 x 4 = _____   5) 7 x 5 = _____   6) 7 x 4 = _____

7) 6 x 5 = _____   8) 5 x 3 = _____   9) 7 x 2 = _____

10) 5 x 2 = _____   11) 5 x 5 = _____   12) 6 x 4 = _____

13) 6 x 2 = _____   14) 7 x 3 = _____   15) 7 x 3 = _____

16) 8 x 2 = _____   17) 9 x 5 = _____   18) 5 x 3 = _____

19) 7 x 4 = _____   20) 7 x 4 = _____   21) 6 x 3 = _____

22) 8 x 4 = _____   23) 9 x 5 = _____   24) 9 x 3 = _____

25) 6 x 2 = _____   26) 5 x 2 = _____   27) 5 x 4 = _____

28) 6 x 5 = _____   29) 5 x 3 = _____   30) 8 x 4 = _____

31) 5 x 5 = _____   32) 6 x 4 = _____   33) 5 x 5 = _____

34) 7 x 4 = _____   35) 8 x 5 = _____   36) 5 x 2 = _____

37) 7 x 4 = _____   38) 9 x 2 = _____   39) 6 x 3 = _____

40) 5 x 5 = _____   41) 6 x 2 = _____   42) 8 x 1 = _____

43) 7 x 2 = _____   44) 7 x 4 = _____   45) 8 x 4 = _____

46) 5 x 2 = _____   47) 8 x 2 = _____   48) 6 x 5 = _____

49) 5 x 3 = _____   50) 7 x 2 = _____   51) 7 x 2 = _____

52) 5 x 3 = _____   53) 5 x 4 = _____   54) 8 x 3 = _____

55) 8 x 4 = _____   56) 9 x 3 = _____   57) 7 x 2 = _____

58) 9 x 2 = _____   59) 9 x 5 = _____   60) 6 x 4 = _____

Answer Key

Multiplication Worksheet 1 to 9

1) 5 x 5 = **25**

2) 5 x 5 = **25**

3) 6 x 2 = **12**

4) 6 x 4 = **24**

5) 7 x 5 = **35**

6) 7 x 4 = **28**

7) 6 x 5 = **30**

8) 5 x 3 = **15**

9) 7 x 2 = **14**

10) 5 x 2 = **10**

11) 5 x 5 = **25**

12) 6 x 4 = **24**

13) 6 x 2 = **12**

14) 7 x 3 = **21**

15) 7 x 3 = **21**

16) 8 x 2 = **16**

17) 9 x 5 = **45**

18) 5 x 3 = **15**

19) 7 x 4 = **28**

20) 7 x 4 = **28**

21) 6 x 3 = **18**

22) 8 x 4 = **32**

23) 9 x 5 = **45**

24) 9 x 3 = **27**

25) 6 x 2 = **12**

26) 5 x 2 = **10**

27) 5 x 4 = **20**

28) 6 x 5 = **30**

29) 5 x 3 = **15**

30) 8 x 4 = **32**

31) 5 x 5 = **25**

32) 6 x 4 = **24**

33) 5 x 5 = **25**

34) 7 x 4 = **28**

35) 8 x 5 = **40**

36) 5 x 2 = **10**

37) 7 x 4 = **28**

38) 9 x 2 = **18**

39) 6 x 3 = **18**

40) 5 x 5 = **25**

41) 6 x 2 = **12**

42) 8 x 1 = **8**

43) 7 x 2 = **14**

44) 7 x 4 = **28**

45) 8 x 4 = **32**

46) 5 x 2 = **10**

47) 8 x 2 = **16**

48) 6 x 5 = **30**

49) 5 x 3 = **15**

50) 7 x 2 = **14**

51) 7 x 2 = **14**

52) 5 x 3 = **15**

53) 5 x 4 = **20**

54) 8 x 3 = **24**

55) 8 x 4 = **32**

56) 9 x 3 = **27**

57) 7 x 2 = **14**

58) 9 x 2 = **18**

59) 9 x 5 = **45**

60) 6 x 4 = **24**

Date : _____   Name : _____
Time : _____   Score : _____/60

 Multiplication Worksheet For 1 to 9

1) 6 x 2 = _____   2) 8 x 4 = _____   3) 6 x 4 = _____

4) 5 x 4 = _____   5) 9 x 4 = _____   6) 9 x 4 = _____

7) 9 x 3 = _____   8) 8 x 4 = _____   9) 9 x 2 = _____

10) 6 x 5 = _____   11) 9 x 4 = _____   12) 6 x 4 = _____

13) 7 x 1 = _____   14) 6 x 4 = _____   15) 8 x 4 = _____

16) 9 x 2 = _____   17) 9 x 5 = _____   18) 6 x 4 = _____

19) 7 x 5 = _____   20) 6 x 3 = _____   21) 6 x 5 = _____

22) 5 x 2 = _____   23) 5 x 4 = _____   24) 6 x 4 = _____

25) 7 x 3 = _____   26) 8 x 2 = _____   27) 5 x 4 = _____

28) 8 x 3 = _____   29) 9 x 4 = _____   30) 8 x 1 = _____

31) 6 x 2 = _____   32) 7 x 3 = _____   33) 9 x 3 = _____

34) 9 x 2 = _____   35) 7 x 2 = _____   36) 8 x 5 = _____

37) 5 x 4 = _____   38) 7 x 4 = _____   39) 9 x 1 = _____

40) 7 x 2 = _____   41) 9 x 5 = _____   42) 6 x 4 = _____

43) 7 x 4 = _____   44) 6 x 3 = _____   45) 7 x 5 = _____

46) 6 x 1 = _____   47) 7 x 3 = _____   48) 6 x 3 = _____

49) 9 x 2 = _____   50) 8 x 4 = _____   51) 9 x 2 = _____

52) 5 x 2 = _____   53) 8 x 4 = _____   54) 9 x 5 = _____

55) 7 x 3 = _____   56) 7 x 4 = _____   57) 5 x 5 = _____

58) 9 x 5 = _____   59) 9 x 3 = _____   60) 8 x 2 = _____

Answer Key
Multiplication Worksheet 1 to 9

1) 6 x 2 = **12**   2) 8 x 4 = **32**   3) 6 x 4 = **24**

4) 5 x 4 = **20**   5) 9 x 4 = **36**   6) 9 x 4 = **36**

7) 9 x 3 = **27**   8) 8 x 4 = **32**   9) 9 x 2 = **18**

10) 6 x 5 = **30**   11) 9 x 4 = **36**   12) 6 x 4 = **24**

13) 7 x 1 = **7**   14) 6 x 4 = **24**   15) 8 x 4 = **32**

16) 9 x 2 = **18**   17) 9 x 5 = **45**   18) 6 x 4 = **24**

19) 7 x 5 = **35**   20) 6 x 3 = **18**   21) 6 x 5 = **30**

22) 5 x 2 = **10**   23) 5 x 4 = **20**   24) 6 x 4 = **24**

25) 7 x 3 = **21**   26) 8 x 2 = **16**   27) 5 x 4 = **20**

28) 8 x 3 = **24**   29) 9 x 4 = **36**   30) 8 x 1 = **8**

31) 6 x 2 = **12**   32) 7 x 3 = **21**   33) 9 x 3 = **27**

34) 9 x 2 = **18**   35) 7 x 2 = **14**   36) 8 x 5 = **40**

37) 5 x 4 = **20**   38) 7 x 4 = **28**   39) 9 x 1 = **9**

40) 7 x 2 = **14**   41) 9 x 5 = **45**   42) 6 x 4 = **24**

43) 7 x 4 = **28**   44) 6 x 3 = **18**   45) 7 x 5 = **35**

46) 6 x 1 = **6**   47) 7 x 3 = **21**   48) 6 x 3 = **18**

49) 9 x 2 = **18**   50) 8 x 4 = **32**   51) 9 x 2 = **18**

52) 5 x 2 = **10**   53) 8 x 4 = **32**   54) 9 x 5 = **45**

55) 7 x 3 = **21**   56) 7 x 4 = **28**   57) 5 x 5 = **25**

58) 9 x 5 = **45**   59) 9 x 3 = **27**   60) 8 x 2 = **16**

Date : _____   Name : _____
Time : _____   Score : _____/60

 Multiplication Worksheet For 1 to 9

1) 8 x 7 = _____   2) 4 x 3 = _____   3) 6 x 9 = _____

4) 2 x 11 = _____   5) 8 x 2 = _____   6) 8 x 8 = _____

7) 9 x 4 = _____   8) 3 x 4 = _____   9) 5 x 6 = _____

10) 6 x 1 = _____   11) 7 x 7 = _____   12) 9 x 8 = _____

13) 1 x 2 = _____   14) 7 x 7 = _____   15) 2 x 10 = _____

16) 4 x 11 = _____   17) 1 x 11 = _____   18) 6 x 10 = _____

19) 9 x 11 = _____   20) 4 x 6 = _____   21) 6 x 8 = _____

22) 7 x 4 = _____   23) 9 x 7 = _____   24) 2 x 2 = _____

25) 4 x 12 = _____   26) 4 x 11 = _____   27) 6 x 11 = _____

28) 1 x 2 = _____   29) 2 x 11 = _____   30) 9 x 11 = _____

31) 2 x 5 = _____   32) 1 x 11 = _____   33) 7 x 11 = _____

34) 7 x 5 = _____   35) 4 x 7 = _____   36) 5 x 4 = _____

37) 1 x 9 = _____   38) 6 x 10 = _____   39) 4 x 2 = _____

40) 7 x 3 = _____   41) 8 x 12 = _____   42) 3 x 3 = _____

43) 3 x 12 = _____   44) 1 x 9 = _____   45) 5 x 10 = _____

46) 2 x 2 = _____   47) 6 x 12 = _____   48) 1 x 5 = _____

49) 1 x 6 = _____   50) 9 x 2 = _____   51) 9 x 6 = _____

52) 3 x 11 = _____   53) 7 x 6 = _____   54) 6 x 9 = _____

55) 8 x 10 = _____   56) 5 x 2 = _____   57) 2 x 12 = _____

58) 7 x 12 = _____   59) 6 x 12 = _____   60) 2 x 4 = _____

Answer Key
Multiplication Worksheet 1 to 9

1) 8 x 7 = **56**

2) 4 x 3 = **12**

3) 6 x 9 = **54**

4) 2 x 11 = **22**

5) 8 x 2 = **16**

6) 8 x 8 = **64**

7) 9 x 4 = **36**

8) 3 x 4 = **12**

9) 5 x 6 = **30**

10) 6 x 1 = **6**

11) 7 x 7 = **49**

12) 9 x 8 = **72**

13) 1 x 2 = **2**

14) 7 x 7 = **49**

15) 2 x 10 = **20**

16) 4 x 11 = **44**

17) 1 x 11 = **11**

18) 6 x 10 = **60**

19) 9 x 11 = **99**

20) 4 x 6 = **24**

21) 6 x 8 = **48**

22) 7 x 4 = **28**

23) 9 x 7 = **63**

24) 2 x 2 = **4**

25) 4 x 12 = **48**

26) 4 x 11 = **44**

27) 6 x 11 = **66**

28) 1 x 2 = **2**

29) 2 x 11 = **22**

30) 9 x 11 = **99**

31) 2 x 5 = **10**

32) 1 x 11 = **11**

33) 7 x 11 = **77**

34) 7 x 5 = **35**

35) 4 x 7 = **28**

36) 5 x 4 = **20**

37) 1 x 9 = **9**

38) 6 x 10 = **60**

39) 4 x 2 = **8**

40) 7 x 3 = **21**

41) 8 x 12 = **96**

42) 3 x 3 = **9**

43) 3 x 12 = **36**

44) 1 x 9 = **9**

45) 5 x 10 = **50**

46) 2 x 2 = **4**

47) 6 x 12 = **72**

48) 1 x 5 = **5**

49) 1 x 6 = **6**

50) 9 x 2 = **18**

51) 9 x 6 = **54**

52) 3 x 11 = **33**

53) 7 x 6 = **42**

54) 6 x 9 = **54**

55) 8 x 10 = **80**

56) 5 x 2 = **10**

57) 2 x 12 = **24**

58) 7 x 12 = **84**

59) 6 x 12 = **72**

60) 2 x 4 = **8**

Date : _____   Name : _____
Time : _____   Score : _____/60

 Multiplication Worksheet For 1 to 9

1) 9 x 8 = _____   2) 1 x 3 = _____   3) 8 x 8 = _____

4) 2 x 7 = _____   5) 1 x 7 = _____   6) 5 x 4 = _____

7) 6 x 12 = _____   8) 1 x 5 = _____   9) 9 x 11 = _____

10) 9 x 4 = _____   11) 1 x 8 = _____   12) 9 x 6 = _____

13) 9 x 10 = _____   14) 2 x 5 = _____   15) 7 x 10 = _____

16) 3 x 2 = _____   17) 6 x 2 = _____   18) 5 x 3 = _____

19) 1 x 8 = _____   20) 8 x 10 = _____   21) 9 x 7 = _____

22) 6 x 5 = _____   23) 2 x 2 = _____   24) 4 x 8 = _____

25) 3 x 3 = _____   26) 3 x 4 = _____   27) 7 x 7 = _____

28) 7 x 9 = _____   29) 7 x 2 = _____   30) 1 x 10 = _____

31) 9 x 4 = _____   32) 6 x 9 = _____   33) 2 x 9 = _____

34) 1 x 2 = _____   35) 2 x 8 = _____   36) 4 x 2 = _____

37) 5 x 3 = _____   38) 7 x 4 = _____   39) 4 x 4 = _____

40) 4 x 4 = _____   41) 9 x 11 = _____   42) 8 x 10 = _____

43) 3 x 1 = _____   44) 3 x 5 = _____   45) 9 x 3 = _____

46) 5 x 7 = _____   47) 9 x 3 = _____   48) 7 x 8 = _____

49) 4 x 8 = _____   50) 5 x 12 = _____   51) 1 x 2 = _____

52) 8 x 7 = _____   53) 5 x 8 = _____   54) 1 x 8 = _____

55) 1 x 6 = _____   56) 8 x 8 = _____   57) 2 x 8 = _____

58) 8 x 3 = _____   59) 4 x 2 = _____   60) 9 x 3 = _____

Answer Key
Multiplication Worksheet 1 to 9

1) 9 x 8 = **72**

2) 1 x 3 = **3**

3) 8 x 8 = **64**

4) 2 x 7 = **14**

5) 1 x 7 = **7**

6) 5 x 4 = **20**

7) 6 x 12 = **72**

8) 1 x 5 = **5**

9) 9 x 11 = **99**

10) 9 x 4 = **36**

11) 1 x 8 = **8**

12) 9 x 6 = **54**

13) 9 x 10 = **90**

14) 2 x 5 = **10**

15) 7 x 10 = **70**

16) 3 x 2 = **6**

17) 6 x 2 = **12**

18) 5 x 3 = **15**

19) 1 x 8 = **8**

20) 8 x 10 = **80**

21) 9 x 7 = **63**

22) 6 x 5 = **30**

23) 2 x 2 = **4**

24) 4 x 8 = **32**

25) 3 x 3 = **9**

26) 3 x 4 = **12**

27) 7 x 7 = **49**

28) 7 x 9 = **63**

29) 7 x 2 = **14**

30) 1 x 10 = **10**

31) 9 x 4 = **36**

32) 6 x 9 = **54**

33) 2 x 9 = **18**

34) 1 x 2 = **2**

35) 2 x 8 = **16**

36) 4 x 2 = **8**

37) 5 x 3 = **15**

38) 7 x 4 = **28**

39) 4 x 4 = **16**

40) 4 x 4 = **16**

41) 9 x 11 = **99**

42) 8 x 10 = **80**

43) 3 x 1 = **3**

44) 3 x 5 = **15**

45) 9 x 3 = **27**

46) 5 x 7 = **35**

47) 9 x 3 = **27**

48) 7 x 8 = **56**

49) 4 x 8 = **32**

50) 5 x 12 = **60**

51) 1 x 2 = **2**

52) 8 x 7 = **56**

53) 5 x 8 = **40**

54) 1 x 8 = **8**

55) 1 x 6 = **6**

56) 8 x 8 = **64**

57) 2 x 8 = **16**

58) 8 x 3 = **24**

59) 4 x 2 = **8**

60) 9 x 3 = **27**

Date : _____   Name : _____
Time : _____   Score : _____/60

 Multiplication Worksheet For 1 to 9

1) 9 x 10 = _____   2) 6 x 2 = _____   3) 1 x 12 = _____

4) 5 x 2 = _____   5) 9 x 6 = _____   6) 6 x 5 = _____

7) 4 x 12 = _____   8) 3 x 8 = _____   9) 3 x 10 = _____

10) 8 x 5 = _____   11) 6 x 4 = _____   12) 8 x 9 = _____

13) 2 x 9 = _____   14) 3 x 9 = _____   15) 1 x 1 = _____

16) 4 x 8 = _____   17) 6 x 2 = _____   18) 1 x 3 = _____

19) 9 x 2 = _____   20) 2 x 6 = _____   21) 9 x 5 = _____

22) 8 x 3 = _____   23) 5 x 2 = _____   24) 9 x 7 = _____

25) 2 x 2 = _____   26) 7 x 7 = _____   27) 9 x 12 = _____

28) 7 x 4 = _____   29) 7 x 10 = _____ 30) 4 x 11 = _____

31) 9 x 7 = _____   32) 7 x 11 = _____ 33) 3 x 1 = _____

34) 7 x 4 = _____   35) 8 x 6 = _____   36) 4 x 8 = _____

37) 6 x 2 = _____   38) 5 x 10 = _____ 39) 1 x 6 = _____

40) 9 x 2 = _____   41) 1 x 5 = _____   42) 5 x 10 = _____

43) 8 x 8 = _____   44) 2 x 3 = _____   45) 7 x 1 = _____

46) 4 x 4 = _____   47) 6 x 6 = _____   48) 1 x 11 = _____

49) 7 x 10 = _____   50) 4 x 9 = _____   51) 9 x 10 = _____

52) 9 x 6 = _____   53) 4 x 7 = _____   54) 3 x 12 = _____

55) 8 x 11 = _____   56) 6 x 3 = _____   57) 2 x 5 = _____

58) 2 x 10 = _____   59) 4 x 7 = _____   60) 1 x 9 = _____

Answer Key
Multiplication Worksheet 1 to 9

1) 9 x 10 = **90**

2) 6 x 2 = **12**

3) 1 x 12 = **12**

4) 5 x 2 = **10**

5) 9 x 6 = **54**

6) 6 x 5 = **30**

7) 4 x 12 = **48**

8) 3 x 8 = **24**

9) 3 x 10 = **30**

10) 8 x 5 = **40**

11) 6 x 4 = **24**

12) 8 x 9 = **72**

13) 2 x 9 = **18**

14) 3 x 9 = **27**

15) 1 x 1 = **1**

16) 4 x 8 = **32**

17) 6 x 2 = **12**

18) 1 x 3 = **3**

19) 9 x 2 = **18**

20) 2 x 6 = **12**

21) 9 x 5 = **45**

22) 8 x 3 = **24**

23) 5 x 2 = **10**

24) 9 x 7 = **63**

25) 2 x 2 = **4**

26) 7 x 7 = **49**

27) 9 x 12 = **108**

28) 7 x 4 = **28**

29) 7 x 10 = **70**

30) 4 x 11 = **44**

31) 9 x 7 = **63**

32) 7 x 11 = **77**

33) 3 x 1 = **3**

34) 7 x 4 = **28**

35) 8 x 6 = **48**

36) 4 x 8 = **32**

37) 6 x 2 = **12**

38) 5 x 10 = **50**

39) 1 x 6 = **6**

40) 9 x 2 = **18**

41) 1 x 5 = **5**

42) 5 x 10 = **50**

43) 8 x 8 = **64**

44) 2 x 3 = **6**

45) 7 x 1 = **7**

46) 4 x 4 = **16**

47) 6 x 6 = **36**

48) 1 x 11 = **11**

49) 7 x 10 = **70**

50) 4 x 9 = **36**

51) 9 x 10 = **90**

52) 9 x 6 = **54**

53) 4 x 7 = **28**

54) 3 x 12 = **36**

55) 8 x 11 = **88**

56) 6 x 3 = **18**

57) 2 x 5 = **10**

58) 2 x 10 = **20**

59) 4 x 7 = **28**

60) 1 x 9 = **9**

Date : _____   Name : _____
Time : _____   Score : _____/60

 Multiplication Worksheet For 9 to 12

1) 11 x 9 = _____   2) 12 x 4 = _____   3) 10 x 2 = _____

4) 9 x 4 = _____   5) 12 x 11 = _____   6) 12 x 3 = _____

7) 9 x 6 = _____   8) 10 x 11 = _____   9) 9 x 3 = _____

10) 10 x 11 = _____   11) 11 x 8 = _____   12) 9 x 12 = _____

13) 11 x 4 = _____   14) 12 x 4 = _____   15) 11 x 6 = _____

16) 9 x 9 = _____   17) 11 x 3 = _____   18) 11 x 11 = _____

19) 10 x 4 = _____   20) 10 x 3 = _____   21) 9 x 12 = _____

22) 12 x 5 = _____   23) 10 x 7 = _____   24) 12 x 11 = _____

25) 11 x 11 = _____   26) 12 x 5 = _____   27) 10 x 10 = _____

28) 10 x 6 = _____   29) 12 x 2 = _____   30) 9 x 3 = _____

31) 10 x 10 = _____   32) 10 x 11 = _____   33) 11 x 3 = _____

34) 12 x 7 = _____   35) 12 x 12 = _____   36) 12 x 11 = _____

37) 10 x 12 = _____   38) 11 x 11 = _____   39) 10 x 11 = _____

40) 10 x 3 = _____   41) 12 x 3 = _____   42) 12 x 3 = _____

43) 11 x 12 = _____   44) 10 x 7 = _____   45) 10 x 2 = _____

46) 9 x 2 = _____   47) 10 x 2 = _____   48) 11 x 4 = _____

49) 12 x 12 = _____   50) 9 x 6 = _____   51) 12 x 12 = _____

52) 10 x 10 = _____   53) 10 x 5 = _____   54) 10 x 2 = _____

55) 10 x 10 = _____   56) 11 x 2 = _____   57) 12 x 9 = _____

58) 10 x 11 = _____   59) 11 x 12 = _____   60) 10 x 11 = _____

Answer Key

Multiplication Worksheet 9 to 12

1) 11 x 9 = **99**   2) 12 x 4 = **48**   3) 10 x 2 = **20**

4) 9 x 4 = **36**   5) 12 x 11 = **132**   6) 12 x 3 = **36**

7) 9 x 6 = **54**   8) 10 x 11 = **110**   9) 9 x 3 = **27**

10) 10 x 11 = **110**   11) 11 x 8 = **88**   12) 9 x 12 = **108**

13) 11 x 4 = **44**   14) 12 x 4 = **48**   15) 11 x 6 = **66**

16) 9 x 9 = **81**   17) 11 x 3 = **33**   18) 11 x 11 = **121**

19) 10 x 4 = **40**   20) 10 x 3 = **30**   21) 9 x 12 = **108**

22) 12 x 5 = **60**   23) 10 x 7 = **70**   24) 12 x 11 = **132**

25) 11 x 11 = **121**   26) 12 x 5 = **60**   27) 10 x 10 = **100**

28) 10 x 6 = **60**   29) 12 x 2 = **24**   30) 9 x 3 = **27**

31) 10 x 10 = **100**   32) 10 x 11 = **110**   33) 11 x 3 = **33**

34) 12 x 7 = **84**   35) 12 x 12 = **144**   36) 12 x 11 = **132**

37) 10 x 12 = **120**   38) 11 x 11 = **121**   39) 10 x 11 = **110**

40) 10 x 3 = **30**   41) 12 x 3 = **36**   42) 12 x 3 = **36**

43) 11 x 12 = **132**   44) 10 x 7 = **70**   45) 10 x 2 = **20**

46) 9 x 2 = **18**   47) 10 x 2 = **20**   48) 11 x 4 = **44**

49) 12 x 12 = **144**   50) 9 x 6 = **54**   51) 12 x 12 = **144**

52) 10 x 10 = **100**   53) 10 x 5 = **50**   54) 10 x 2 = **20**

55) 10 x 10 = **100**   56) 11 x 2 = **22**   57) 12 x 9 = **108**

58) 10 x 11 = **110**   59) 11 x 12 = **132**   60) 10 x 11 = **110**

Date : _____   Name : _____

Time : _____   Score : _____/60

 Multiplication Worksheet For 9 to 12

1) 10 x 2 = _____   2) 11 x 3 = _____   3) 9 x 10 = _____

4) 12 x 10 = _____   5) 11 x 7 = _____   6) 9 x 9 = _____

7) 12 x 2 = _____   8) 10 x 8 = _____   9) 11 x 10 = _____

10) 10 x 9 = _____   11) 11 x 11 = _____   12) 12 x 10 = _____

13) 11 x 3 = _____   14) 10 x 11 = _____   15) 12 x 8 = _____

16) 11 x 9 = _____   17) 12 x 10 = _____   18) 10 x 6 = _____

19) 12 x 5 = _____   20) 9 x 2 = _____   21) 9 x 5 = _____

22) 11 x 3 = _____   23) 9 x 11 = _____   24) 11 x 2 = _____

25) 9 x 2 = _____   26) 12 x 4 = _____   27) 12 x 2 = _____

28) 11 x 7 = _____   29) 10 x 2 = _____   30) 11 x 11 = _____

31) 11 x 11 = _____   32) 11 x 4 = _____   33) 9 x 8 = _____

34) 11 x 9 = _____   35) 12 x 11 = _____   36) 12 x 9 = _____

37) 12 x 7 = _____   38) 9 x 2 = _____   39) 12 x 10 = _____

40) 9 x 4 = _____   41) 12 x 4 = _____   42) 9 x 3 = _____

43) 9 x 5 = _____   44) 11 x 9 = _____   45) 11 x 5 = _____

46) 10 x 4 = _____   47) 11 x 8 = _____   48) 11 x 6 = _____

49) 9 x 12 = _____   50) 10 x 11 = _____   51) 9 x 1 = _____

52) 11 x 8 = _____   53) 10 x 2 = _____   54) 11 x 3 = _____

55) 9 x 5 = _____   56) 12 x 6 = _____   57) 12 x 2 = _____

58) 9 x 6 = _____   59) 9 x 8 = _____   60) 9 x 9 = _____

Answer Key

Multiplication Worksheet 9 to 12

1) 10 x 2 = **20**

2) 11 x 3 = **33**

3) 9 x 10 = **90**

4) 12 x 10 = **120**

5) 11 x 7 = **77**

6) 9 x 9 = **81**

7) 12 x 2 = **24**

8) 10 x 8 = **80**

9) 11 x 10 = **110**

10) 10 x 9 = **90**

11) 11 x 11 = **121**

12) 12 x 10 = **120**

13) 11 x 3 = **33**

14) 10 x 11 = **110**

15) 12 x 8 = **96**

16) 11 x 9 = **99**

17) 12 x 10 = **120**

18) 10 x 6 = **60**

19) 12 x 5 = **60**

20) 9 x 2 = **18**

21) 9 x 5 = **45**

22) 11 x 3 = **33**

23) 9 x 11 = **99**

24) 11 x 2 = **22**

25) 9 x 2 = **18**

26) 12 x 4 = **48**

27) 12 x 2 = **24**

28) 11 x 7 = **77**

29) 10 x 2 = **20**

30) 11 x 11 = **121**

31) 11 x 11 = **121**

32) 11 x 4 = **44**

33) 9 x 8 = **72**

34) 11 x 9 = **99**

35) 12 x 11 = **132**

36) 12 x 9 = **108**

37) 12 x 7 = **84**

38) 9 x 2 = **18**

39) 12 x 10 = **120**

40) 9 x 4 = **36**

41) 12 x 4 = **48**

42) 9 x 3 = **27**

43) 9 x 5 = **45**

44) 11 x 9 = **99**

45) 11 x 5 = **55**

46) 10 x 4 = **40**

47) 11 x 8 = **88**

48) 11 x 6 = **66**

49) 9 x 12 = **108**

50) 10 x 11 = **110**

51) 9 x 1 = **9**

52) 11 x 8 = **88**

53) 10 x 2 = **20**

54) 11 x 3 = **33**

55) 9 x 5 = **45**

56) 12 x 6 = **72**

57) 12 x 2 = **24**

58) 9 x 6 = **54**

59) 9 x 8 = **72**

60) 9 x 9 = **81**

Date : _____   Name : _____
Time : _____   Score : _____/60

 Multiplication Worksheet For 9 to 12

1) 12 x 2 = _____   2) 11 x 12 = _____   3) 9 x 7 = _____

4) 9 x 5 = _____   5) 9 x 10 = _____   6) 12 x 2 = _____

7) 10 x 5 = _____   8) 11 x 5 = _____   9) 12 x 9 = _____

10) 12 x 2 = _____   11) 11 x 3 = _____   12) 9 x 6 = _____

13) 9 x 2 = _____   14) 11 x 7 = _____   15) 11 x 9 = _____

16) 10 x 6 = _____   17) 10 x 4 = _____   18) 9 x 3 = _____

19) 10 x 5 = _____   20) 10 x 9 = _____   21) 10 x 3 = _____

22) 11 x 2 = _____   23) 12 x 2 = _____   24) 12 x 9 = _____

25) 9 x 11 = _____   26) 11 x 7 = _____   27) 12 x 7 = _____

28) 12 x 6 = _____   29) 10 x 4 = _____   30) 11 x 12 = _____

31) 11 x 12 = _____   32) 12 x 4 = _____   33) 11 x 7 = _____

34) 9 x 10 = _____   35) 12 x 8 = _____   36) 9 x 11 = _____

37) 12 x 5 = _____   38) 9 x 6 = _____   39) 10 x 12 = _____

40) 12 x 7 = _____   41) 11 x 5 = _____   42) 9 x 10 = _____

43) 12 x 10 = _____   44) 11 x 9 = _____   45) 9 x 6 = _____

46) 10 x 12 = _____   47) 10 x 2 = _____   48) 9 x 10 = _____

49) 10 x 1 = _____   50) 12 x 5 = _____   51) 9 x 9 = _____

52) 10 x 2 = _____   53) 12 x 3 = _____   54) 12 x 2 = _____

55) 11 x 1 = _____   56) 12 x 10 = _____   57) 12 x 3 = _____

58) 9 x 7 = _____   59) 12 x 12 = _____   60) 9 x 6 = _____

Answer Key

Multiplication Worksheet 9 to 12

1) 12 x 2 = **24**   2) 11 x 12 = **132**   3) 9 x 7 = **63**

4) 9 x 5 = **45**   5) 9 x 10 = **90**   6) 12 x 2 = **24**

7) 10 x 5 = **50**   8) 11 x 5 = **55**   9) 12 x 9 = **108**

10) 12 x 2 = **24**   11) 11 x 3 = **33**   12) 9 x 6 = **54**

13) 9 x 2 = **18**   14) 11 x 7 = **77**   15) 11 x 9 = **99**

16) 10 x 6 = **60**   17) 10 x 4 = **40**   18) 9 x 3 = **27**

19) 10 x 5 = **50**   20) 10 x 9 = **90**   21) 10 x 3 = **30**

22) 11 x 2 = **22**   23) 12 x 2 = **24**   24) 12 x 9 = **108**

25) 9 x 11 = **99**   26) 11 x 7 = **77**   27) 12 x 7 = **84**

28) 12 x 6 = **72**   29) 10 x 4 = **40**   30) 11 x 12 = **132**

31) 11 x 12 = **132**   32) 12 x 4 = **48**   33) 11 x 7 = **77**

34) 9 x 10 = **90**   35) 12 x 8 = **96**   36) 9 x 11 = **99**

37) 12 x 5 = **60**   38) 9 x 6 = **54**   39) 10 x 12 = **120**

40) 12 x 7 = **84**   41) 11 x 5 = **55**   42) 9 x 10 = **90**

43) 12 x 10 = **120**   44) 11 x 9 = **99**   45) 9 x 6 = **54**

46) 10 x 12 = **120**   47) 10 x 2 = **20**   48) 9 x 10 = **90**

49) 10 x 1 = **10**   50) 12 x 5 = **60**   51) 9 x 9 = **81**

52) 10 x 2 = **20**   53) 12 x 3 = **36**   54) 12 x 2 = **24**

55) 11 x 1 = **11**   56) 12 x 10 = **120**   57) 12 x 3 = **36**

58) 9 x 7 = **63**   59) 12 x 12 = **144**   60) 9 x 6 = **54**

Date : _____   Name : _____
Time : _____   Score : _____/60

 Multiplication Worksheet For 1 to 12

1) 4 x 12 = _____   2) 6 x 9 = _____   3) 5 x 11 = _____

4) 6 x 11 = _____   5) 8 x 6 = _____   6) 6 x 1 = _____

7) 11 x 10 = _____   8) 11 x 6 = _____   9) 7 x 9 = _____

10) 9 x 1 = _____   11) 9 x 3 = _____   12) 5 x 4 = _____

13) 5 x 11 = _____   14) 9 x 10 = _____   15) 4 x 10 = _____

16) 8 x 10 = _____   17) 12 x 0 = _____   18) 6 x 1 = _____

19) 3 x 10 = _____   20) 11 x 6 = _____   21) 7 x 7 = _____

22) 12 x 3 = _____   23) 2 x 12 = _____   24) 7 x 5 = _____

25) 12 x 12 = _____   26) 12 x 12 = _____   27) 5 x 11 = _____

28) 2 x 5 = _____   29) 10 x 8 = _____   30) 11 x 3 = _____

31) 10 x 6 = _____   32) 5 x 11 = _____   33) 5 x 6 = _____

34) 7 x 10 = _____   35) 5 x 8 = _____   36) 4 x 7 = _____

37) 8 x 12 = _____   38) 6 x 9 = _____   39) 12 x 10 = _____

40) 2 x 10 = _____   41) 11 x 6 = _____   42) 2 x 5 = _____

43) 3 x 7 = _____   44) 4 x 8 = _____   45) 10 x 8 = _____

46) 10 x 9 = _____   47) 4 x 12 = _____   48) 11 x 8 = _____

49) 4 x 10 = _____   50) 6 x 7 = _____   51) 10 x 9 = _____

52) 8 x 7 = _____   53) 9 x 2 = _____   54) 4 x 12 = _____

55) 2 x 8 = _____   56) 6 x 1 = _____   57) 12 x 4 = _____

58) 12 x 12 = _____   59) 3 x 2 = _____   60) 4 x 5 = _____

Answer Key

Multiplication Worksheet 1 to 12

1) 4 x 12 = **48**

2) 6 x 9 = **54**

3) 5 x 11 = **55**

4) 6 x 11 = **66**

5) 8 x 6 = **48**

6) 6 x 1 = **6**

7) 11 x 10 = **110**

8) 11 x 6 = **66**

9) 7 x 9 = **63**

10) 9 x 1 = **9**

11) 9 x 3 = **27**

12) 5 x 4 = **20**

13) 5 x 11 = **55**

14) 9 x 10 = **90**

15) 4 x 10 = **40**

16) 8 x 10 = **80**

17) 12 x 0 = **0**

18) 6 x 1 = **6**

19) 3 x 10 = **30**

20) 11 x 6 = **66**

21) 7 x 7 = **49**

22) 12 x 3 = **36**

23) 2 x 12 = **24**

24) 7 x 5 = **35**

25) 12 x 12 = **144**

26) 12 x 12 = **144**

27) 5 x 11 = **55**

28) 2 x 5 = **10**

29) 10 x 8 = **80**

30) 11 x 3 = **33**

31) 10 x 6 = **60**

32) 5 x 11 = **55**

33) 5 x 6 = **30**

34) 7 x 10 = **70**

35) 5 x 8 = **40**

36) 4 x 7 = **28**

37) 8 x 12 = **96**

38) 6 x 9 = **54**

39) 12 x 10 = **120**

40) 2 x 10 = **20**

41) 11 x 6 = **66**

42) 2 x 5 = **10**

43) 3 x 7 = **21**

44) 4 x 8 = **32**

45) 10 x 8 = **80**

46) 10 x 9 = **90**

47) 4 x 12 = **48**

48) 11 x 8 = **88**

49) 4 x 10 = **40**

50) 6 x 7 = **42**

51) 10 x 9 = **90**

52) 8 x 7 = **56**

53) 9 x 2 = **18**

54) 4 x 12 = **48**

55) 2 x 8 = **16**

56) 6 x 1 = **6**

57) 12 x 4 = **48**

58) 12 x 12 = **144**

59) 3 x 2 = **6**

60) 4 x 5 = **20**

Date : _____   Name : _____
Time : _____   Score : _____/60

 Multiplication Worksheet For 1 to 12

1) 12 x 12 = _____   2) 9 x 12 = _____   3) 11 x 7 = _____

4) 2 x 3 = _____   5) 11 x 9 = _____   6) 7 x 8 = _____

7) 8 x 1 = _____   8) 12 x 9 = _____   9) 2 x 5 = _____

10) 12 x 9 = _____   11) 6 x 9 = _____   12) 8 x 12 = _____

13) 7 x 7 = _____   14) 3 x 12 = _____   15) 2 x 3 = _____

16) 2 x 5 = _____   17) 4 x 11 = _____   18) 12 x 5 = _____

19) 2 x 9 = _____   20) 4 x 2 = _____   21) 12 x 4 = _____

22) 11 x 9 = _____   23) 9 x 5 = _____   24) 4 x 2 = _____

25) 7 x 12 = _____   26) 7 x 10 = _____   27) 8 x 3 = _____

28) 8 x 5 = _____   29) 9 x 9 = _____   30) 11 x 12 = _____

31) 2 x 3 = _____   32) 8 x 11 = _____   33) 11 x 1 = _____

34) 3 x 1 = _____   35) 9 x 6 = _____   36) 4 x 12 = _____

37) 2 x 9 = _____   38) 6 x 5 = _____   39) 11 x 11 = _____

40) 8 x 9 = _____   41) 5 x 10 = _____   42) 5 x 5 = _____

43) 6 x 8 = _____   44) 6 x 2 = _____   45) 11 x 5 = _____

46) 3 x 6 = _____   47) 10 x 11 = _____   48) 12 x 3 = _____

49) 7 x 2 = _____   50) 12 x 5 = _____   51) 10 x 1 = _____

52) 3 x 12 = _____   53) 12 x 12 = _____   54) 2 x 2 = _____

55) 8 x 8 = _____   56) 8 x 7 = _____   57) 11 x 0 = _____

58) 4 x 1 = _____   59) 7 x 11 = _____   60) 10 x 9 = _____

# Answer Key
Multiplication Worksheet 1 to 12

1) 12 x 12 = **144**   2) 9 x 12 = **108**   3) 11 x 7 = **77**

4) 2 x 3 = **6**   5) 11 x 9 = **99**   6) 7 x 8 = **56**

7) 8 x 1 = **8**   8) 12 x 9 = **108**   9) 2 x 5 = **10**

10) 12 x 9 = **108**   11) 6 x 9 = **54**   12) 8 x 12 = **96**

13) 7 x 7 = **49**   14) 3 x 12 = **36**   15) 2 x 3 = **6**

16) 2 x 5 = **10**   17) 4 x 11 = **44**   18) 12 x 5 = **60**

19) 2 x 9 = **18**   20) 4 x 2 = **8**   21) 12 x 4 = **48**

22) 11 x 9 = **99**   23) 9 x 5 = **45**   24) 4 x 2 = **8**

25) 7 x 12 = **84**   26) 7 x 10 = **70**   27) 8 x 3 = **24**

28) 8 x 5 = **40**   29) 9 x 9 = **81**   30) 11 x 12 = **132**

31) 2 x 3 = **6**   32) 8 x 11 = **88**   33) 11 x 1 = **11**

34) 3 x 1 = **3**   35) 9 x 6 = **54**   36) 4 x 12 = **48**

37) 2 x 9 = **18**   38) 6 x 5 = **30**   39) 11 x 11 = **121**

40) 8 x 9 = **72**   41) 5 x 10 = **50**   42) 5 x 5 = **25**

43) 6 x 8 = **48**   44) 6 x 2 = **12**   45) 11 x 5 = **55**

46) 3 x 6 = **18**   47) 10 x 11 = **110**   48) 12 x 3 = **36**

49) 7 x 2 = **14**   50) 12 x 5 = **60**   51) 10 x 1 = **10**

52) 3 x 12 = **36**   53) 12 x 12 = **144**   54) 2 x 2 = **4**

55) 8 x 8 = **64**   56) 8 x 7 = **56**   57) 11 x 0 = **0**

58) 4 x 1 = **4**   59) 7 x 11 = **77**   60) 10 x 9 = **90**

Date : _____ Name : _____
Time : _____ Score : _____/60

 Multiplication Worksheet For 1 to 12

1) 3 x 9 = _____   2) 3 x 1 = _____   3) 9 x 4 = _____

4) 2 x 8 = _____   5) 6 x 6 = _____   6) 3 x 11 = _____

7) 11 x 12 = _____   8) 9 x 10 = _____   9) 1 x 10 = _____

10) 9 x 7 = _____   11) 2 x 12 = _____   12) 3 x 12 = _____

13) 10 x 7 = _____   14) 3 x 0 = _____   15) 3 x 3 = _____

16) 6 x 6 = _____   17) 12 x 12 = _____   18) 12 x 1 = _____

19) 11 x 10 = _____   20) 10 x 4 = _____   21) 10 x 5 = _____

22) 4 x 2 = _____   23) 5 x 9 = _____   24) 9 x 6 = _____

25) 12 x 6 = _____   26) 11 x 7 = _____   27) 9 x 3 = _____

28) 11 x 6 = _____   29) 3 x 9 = _____   30) 9 x 9 = _____

31) 4 x 9 = _____   32) 2 x 3 = _____   33) 6 x 6 = _____

34) 10 x 12 = _____   35) 2 x 9 = _____   36) 6 x 9 = _____

37) 2 x 8 = _____   38) 7 x 9 = _____   39) 7 x 7 = _____

40) 3 x 11 = _____   41) 12 x 9 = _____   42) 10 x 12 = _____

43) 2 x 9 = _____   44) 11 x 12 = _____   45) 9 x 9 = _____

46) 11 x 2 = _____   47) 2 x 0 = _____   48) 5 x 9 = _____

49) 3 x 11 = _____   50) 5 x 9 = _____   51) 12 x 11 = _____

52) 11 x 4 = _____   53) 10 x 8 = _____   54) 5 x 1 = _____

55) 7 x 7 = _____   56) 4 x 12 = _____   57) 8 x 8 = _____

58) 10 x 4 = _____   59) 9 x 12 = _____   60) 11 x 7 = _____

Answer Key

Multiplication Worksheet 1 to 12

1) 3 x 9 = **27**

2) 3 x 1 = **3**

3) 9 x 4 = **36**

4) 2 x 8 = **16**

5) 6 x 6 = **36**

6) 3 x 11 = **33**

7) 11 x 12 = **132**

8) 9 x 10 = **90**

9) 1 x 10 = **10**

10) 9 x 7 = **63**

11) 2 x 12 = **24**

12) 3 x 12 = **36**

13) 10 x 7 = **70**

14) 3 x 0 = **0**

15) 3 x 3 = **9**

16) 6 x 6 = **36**

17) 12 x 12 = **144**

18) 12 x 1 = **12**

19) 11 x 10 = **110**

20) 10 x 4 = **40**

21) 10 x 5 = **50**

22) 4 x 2 = **8**

23) 5 x 9 = **45**

24) 9 x 6 = **54**

25) 12 x 6 = **72**

26) 11 x 7 = **77**

27) 9 x 3 = **27**

28) 11 x 6 = **66**

29) 3 x 9 = **27**

30) 9 x 9 = **81**

31) 4 x 9 = **36**

32) 2 x 3 = **6**

33) 6 x 6 = **36**

34) 10 x 12 = **120**

35) 2 x 9 = **18**

36) 6 x 9 = **54**

37) 2 x 8 = **16**

38) 7 x 9 = **63**

39) 7 x 7 = **49**

40) 3 x 11 = **33**

41) 12 x 9 = **108**

42) 10 x 12 = **120**

43) 2 x 9 = **18**

44) 11 x 12 = **132**

45) 9 x 9 = **81**

46) 11 x 2 = **22**

47) 2 x 0 = **0**

48) 5 x 9 = **45**

49) 3 x 11 = **33**

50) 5 x 9 = **45**

51) 12 x 11 = **132**

52) 11 x 4 = **44**

53) 10 x 8 = **80**

54) 5 x 1 = **5**

55) 7 x 7 = **49**

56) 4 x 12 = **48**

57) 8 x 8 = **64**

58) 10 x 4 = **40**

59) 9 x 12 = **108**

60) 11 x 7 = **77**

Date : _____   Name : _____
Time : _____   Score : _____ /60

 Multiplication Worksheet For 1 to 12

1) 5 x 7 = _____   2) 4 x 6 = _____   3) 4 x 3 = _____

4) 10 x 6 = _____   5) 1 x 9 = _____   6) 12 x 8 = _____

7) 12 x 11 = _____   8) 4 x 6 = _____   9) 5 x 4 = _____

10) 4 x 7 = _____   11) 6 x 11 = _____   12) 8 x 5 = _____

13) 3 x 11 = _____   14) 5 x 1 = _____   15) 2 x 8 = _____

16) 5 x 6 = _____   17) 8 x 12 = _____   18) 5 x 11 = _____

19) 8 x 6 = _____   20) 2 x 7 = _____   21) 5 x 2 = _____

22) 2 x 9 = _____   23) 5 x 9 = _____   24) 7 x 6 = _____

25) 6 x 2 = _____   26) 12 x 10 = _____   27) 11 x 8 = _____

28) 3 x 1 = _____   29) 2 x 9 = _____   30) 4 x 3 = _____

31) 9 x 8 = _____   32) 9 x 5 = _____   33) 3 x 2 = _____

34) 3 x 2 = _____   35) 5 x 9 = _____   36) 7 x 6 = _____

37) 5 x 6 = _____   38) 7 x 3 = _____   39) 7 x 7 = _____

40) 11 x 4 = _____   41) 11 x 1 = _____   42) 2 x 3 = _____

43) 5 x 4 = _____   44) 6 x 8 = _____   45) 11 x 4 = _____

46) 8 x 12 = _____   47) 4 x 2 = _____   48) 12 x 1 = _____

49) 2 x 3 = _____   50) 3 x 2 = _____   51) 2 x 7 = _____

52) 4 x 7 = _____   53) 8 x 5 = _____   54) 2 x 1 = _____

55) 9 x 12 = _____   56) 12 x 5 = _____   57) 3 x 4 = _____

58) 9 x 6 = _____   59) 5 x 7 = _____   60) 3 x 1 = _____

Answer Key

Multiplication Worksheet 1 to 12

1) 5 x 7 = **35**   2) 4 x 6 = **24**   3) 4 x 3 = **12**

4) 10 x 6 = **60**   5) 1 x 9 = **9**   6) 12 x 8 = **96**

7) 12 x 11 = **132**   8) 4 x 6 = **24**   9) 5 x 4 = **20**

10) 4 x 7 = **28**   11) 6 x 11 = **66**   12) 8 x 5 = **40**

13) 3 x 11 = **33**   14) 5 x 1 = **5**   15) 2 x 8 = **16**

16) 5 x 6 = **30**   17) 8 x 12 = **96**   18) 5 x 11 = **55**

19) 8 x 6 = **48**   20) 2 x 7 = **14**   21) 5 x 2 = **10**

22) 2 x 9 = **18**   23) 5 x 9 = **45**   24) 7 x 6 = **42**

25) 6 x 2 = **12**   26) 12 x 10 = **120**   27) 11 x 8 = **88**

28) 3 x 1 = **3**   29) 2 x 9 = **18**   30) 4 x 3 = **12**

31) 9 x 8 = **72**   32) 9 x 5 = **45**   33) 3 x 2 = **6**

34) 3 x 2 = **6**   35) 5 x 9 = **45**   36) 7 x 6 = **42**

37) 5 x 6 = **30**   38) 7 x 3 = **21**   39) 7 x 7 = **49**

40) 11 x 4 = **44**   41) 11 x 1 = **11**   42) 2 x 3 = **6**

43) 5 x 4 = **20**   44) 6 x 8 = **48**   45) 11 x 4 = **44**

46) 8 x 12 = **96**   47) 4 x 2 = **8**   48) 12 x 1 = **12**

49) 2 x 3 = **6**   50) 3 x 2 = **6**   51) 2 x 7 = **14**

52) 4 x 7 = **28**   53) 8 x 5 = **40**   54) 2 x 1 = **2**

55) 9 x 12 = **108**   56) 12 x 5 = **60**   57) 3 x 4 = **12**

58) 9 x 6 = **54**   59) 5 x 7 = **35**   60) 3 x 1 = **3**

Date : _____   Name : _____

Time : _____   Score : _____/60

 Multiplication Worksheet For 1 to 12

1) 7 x 3 = _____   2) 8 x 12 = _____   3) 8 x 3 = _____

4) 7 x 11 = _____   5) 3 x 2 = _____   6) 4 x 10 = _____

7) 2 x 5 = _____   8) 4 x 8 = _____   9) 7 x 2 = _____

10) 8 x 6 = _____   11) 8 x 7 = _____   12) 8 x 6 = _____

13) 5 x 5 = _____   14) 8 x 1 = _____   15) 7 x 1 = _____

16) 11 x 5 = _____   17) 4 x 5 = _____   18) 5 x 6 = _____

19) 10 x 12 = _____   20) 3 x 4 = _____   21) 7 x 3 = _____

22) 4 x 0 = _____   23) 2 x 9 = _____   24) 8 x 3 = _____

25) 2 x 5 = _____   26) 10 x 7 = _____   27) 2 x 6 = _____

28) 8 x 1 = _____   29) 2 x 7 = _____   30) 2 x 4 = _____

31) 8 x 11 = _____   32) 6 x 8 = _____   33) 9 x 8 = _____

34) 2 x 6 = _____   35) 11 x 7 = _____   36) 7 x 12 = _____

37) 7 x 3 = _____   38) 10 x 6 = _____   39) 11 x 6 = _____

40) 12 x 3 = _____   41) 3 x 4 = _____   42) 12 x 11 = _____

43) 12 x 5 = _____   44) 7 x 7 = _____   45) 7 x 7 = _____

46) 11 x 10 = _____   47) 12 x 1 = _____   48) 4 x 1 = _____

49) 6 x 6 = _____   50) 2 x 3 = _____   51) 12 x 2 = _____

52) 4 x 1 = _____   53) 8 x 11 = _____   54) 7 x 1 = _____

55) 5 x 12 = _____   56) 3 x 12 = _____   57) 7 x 11 = _____

58) 4 x 8 = _____   59) 4 x 6 = _____   60) 10 x 4 = _____

Answer Key
Multiplication Worksheet 1 to 12

1) 7 x 3 = **21**

2) 8 x 12 = **96**

3) 8 x 3 = **24**

4) 7 x 11 = **77**

5) 3 x 2 = **6**

6) 4 x 10 = **40**

7) 2 x 5 = **10**

8) 4 x 8 = **32**

9) 7 x 2 = **14**

10) 8 x 6 = **48**

11) 8 x 7 = **56**

12) 8 x 6 = **48**

13) 5 x 5 = **25**

14) 8 x 1 = **8**

15) 7 x 1 = **7**

16) 11 x 5 = **55**

17) 4 x 5 = **20**

18) 5 x 6 = **30**

19) 10 x 12 = **120**

20) 3 x 4 = **12**

21) 7 x 3 = **21**

22) 4 x 0 = **0**

23) 2 x 9 = **18**

24) 8 x 3 = **24**

25) 2 x 5 = **10**

26) 10 x 7 = **70**

27) 2 x 6 = **12**

28) 8 x 1 = **8**

29) 2 x 7 = **14**

30) 2 x 4 = **8**

31) 8 x 11 = **88**

32) 6 x 8 = **48**

33) 9 x 8 = **72**

34) 2 x 6 = **12**

35) 11 x 7 = **77**

36) 7 x 12 = **84**

37) 7 x 3 = **21**

38) 10 x 6 = **60**

39) 11 x 6 = **66**

40) 12 x 3 = **36**

41) 3 x 4 = **12**

42) 12 x 11 = **132**

43) 12 x 5 = **60**

44) 7 x 7 = **49**

45) 7 x 7 = **49**

46) 11 x 10 = **110**

47) 12 x 1 = **12**

48) 4 x 1 = **4**

49) 6 x 6 = **36**

50) 2 x 3 = **6**

51) 12 x 2 = **24**

52) 4 x 1 = **4**

53) 8 x 11 = **88**

54) 7 x 1 = **7**

55) 5 x 12 = **60**

56) 3 x 12 = **36**

57) 7 x 11 = **77**

58) 4 x 8 = **32**

59) 4 x 6 = **24**

60) 10 x 4 = **40**

Date : _____   Name : _____
Time : _____   Score : ____/60

 Multiplication Worksheet For 1 to 12

1) 3 x 1 = _____   2) 7 x 0 = _____   3) 11 x 2 = _____

4) 11 x 4 = _____   5) 6 x 5 = _____   6) 8 x 7 = _____

7) 11 x 2 = _____   8) 10 x 6 = _____   9) 11 x 10 = _____

10) 7 x 9 = _____   11) 8 x 4 = _____   12) 9 x 5 = _____

13) 9 x 11 = _____   14) 3 x 2 = _____   15) 5 x 1 = _____

16) 5 x 5 = _____   17) 11 x 2 = _____   18) 6 x 1 = _____

19) 9 x 6 = _____   20) 8 x 9 = _____   21) 11 x 2 = _____

22) 11 x 1 = _____   23) 7 x 1 = _____   24) 12 x 1 = _____

25) 6 x 3 = _____   26) 5 x 11 = _____   27) 3 x 1 = _____

28) 8 x 10 = _____   29) 12 x 2 = _____   30) 8 x 7 = _____

31) 2 x 6 = _____   32) 11 x 0 = _____   33) 9 x 8 = _____

34) 12 x 5 = _____   35) 12 x 8 = _____   36) 6 x 12 = _____

37) 11 x 9 = _____   38) 7 x 4 = _____   39) 11 x 3 = _____

40) 4 x 12 = _____   41) 8 x 9 = _____   42) 12 x 2 = _____

43) 7 x 1 = _____   44) 11 x 8 = _____   45) 3 x 10 = _____

46) 11 x 1 = _____   47) 6 x 1 = _____   48) 9 x 8 = _____

49) 3 x 4 = _____   50) 4 x 8 = _____   51) 7 x 4 = _____

52) 10 x 9 = _____   53) 5 x 5 = _____   54) 7 x 9 = _____

55) 11 x 7 = _____   56) 5 x 3 = _____   57) 5 x 1 = _____

58) 11 x 2 = _____   59) 6 x 11 = _____   60) 5 x 8 = _____

Answer Key

Multiplication Worksheet 1 to 12

1) 3 x 1 = **3**

2) 7 x 0 = **0**

3) 11 x 2 = **22**

4) 11 x 4 = **44**

5) 6 x 5 = **30**

6) 8 x 7 = **56**

7) 11 x 2 = **22**

8) 10 x 6 = **60**

9) 11 x 10 = **110**

10) 7 x 9 = **63**

11) 8 x 4 = **32**

12) 9 x 5 = **45**

13) 9 x 11 = **99**

14) 3 x 2 = **6**

15) 5 x 1 = **5**

16) 5 x 5 = **25**

17) 11 x 2 = **22**

18) 6 x 1 = **6**

19) 9 x 6 = **54**

20) 8 x 9 = **72**

21) 11 x 2 = **22**

22) 11 x 1 = **11**

23) 7 x 1 = **7**

24) 12 x 1 = **12**

25) 6 x 3 = **18**

26) 5 x 11 = **55**

27) 3 x 1 = **3**

28) 8 x 10 = **80**

29) 12 x 2 = **24**

30) 8 x 7 = **56**

31) 2 x 6 = **12**

32) 11 x 0 = **0**

33) 9 x 8 = **72**

34) 12 x 5 = **60**

35) 12 x 8 = **96**

36) 6 x 12 = **72**

37) 11 x 9 = **99**

38) 7 x 4 = **28**

39) 11 x 3 = **33**

40) 4 x 12 = **48**

41) 8 x 9 = **72**

42) 12 x 2 = **24**

43) 7 x 1 = **7**

44) 11 x 8 = **88**

45) 3 x 10 = **30**

46) 11 x 1 = **11**

47) 6 x 1 = **6**

48) 9 x 8 = **72**

49) 3 x 4 = **12**

50) 4 x 8 = **32**

51) 7 x 4 = **28**

52) 10 x 9 = **90**

53) 5 x 5 = **25**

54) 7 x 9 = **63**

55) 11 x 7 = **77**

56) 5 x 3 = **15**

57) 5 x 1 = **5**

58) 11 x 2 = **22**

59) 6 x 11 = **66**

60) 5 x 8 = **40**

Date : _____   Name : _____
Time : _____   Score : ____/60

 Multiplication Worksheet For 1 to 12

1) 4 x 3 = _____   2) 10 x 6 = _____   3) 11 x 7 = _____

4) 2 x 6 = _____   5) 3 x 7 = _____   6) 3 x 1 = _____

7) 12 x 8 = _____   8) 7 x 5 = _____   9) 1 x 11 = _____

10) 8 x 6 = _____   11) 9 x 5 = _____   12) 10 x 8 = _____

13) 6 x 10 = _____   14) 12 x 3 = _____   15) 9 x 8 = _____

16) 10 x 9 = _____   17) 2 x 6 = _____   18) 12 x 10 = _____

19) 3 x 8 = _____   20) 5 x 9 = _____   21) 4 x 6 = _____

22) 2 x 7 = _____   23) 10 x 6 = _____   24) 6 x 9 = _____

25) 10 x 3 = _____   26) 4 x 1 = _____   27) 3 x 3 = _____

28) 1 x 8 = _____   29) 6 x 6 = _____   30) 7 x 10 = _____

31) 5 x 11 = _____   32) 11 x 9 = _____   33) 11 x 5 = _____

34) 8 x 1 = _____   35) 4 x 2 = _____   36) 6 x 9 = _____

37) 2 x 12 = _____   38) 3 x 8 = _____   39) 10 x 8 = _____

40) 10 x 10 = _____   41) 3 x 3 = _____   42) 6 x 8 = _____

43) 9 x 2 = _____   44) 7 x 2 = _____   45) 10 x 5 = _____

46) 5 x 5 = _____   47) 12 x 9 = _____   48) 7 x 5 = _____

49) 10 x 12 = _____   50) 12 x 11 = _____   51) 10 x 9 = _____

52) 4 x 10 = _____   53) 10 x 11 = _____   54) 6 x 2 = _____

55) 10 x 4 = _____   56) 3 x 1 = _____   57) 7 x 10 = _____

58) 10 x 8 = _____   59) 2 x 6 = _____   60) 12 x 1 = _____

Answer Key

Multiplication Worksheet 1 to 12

1) 4 x 3 = **12**

2) 10 x 6 = **60**

3) 11 x 7 = **77**

4) 2 x 6 = **12**

5) 3 x 7 = **21**

6) 3 x 1 = **3**

7) 12 x 8 = **96**

8) 7 x 5 = **35**

9) 1 x 11 = **11**

10) 8 x 6 = **48**

11) 9 x 5 = **45**

12) 10 x 8 = **80**

13) 6 x 10 = **60**

14) 12 x 3 = **36**

15) 9 x 8 = **72**

16) 10 x 9 = **90**

17) 2 x 6 = **12**

18) 12 x 10 = **120**

19) 3 x 8 = **24**

20) 5 x 9 = **45**

21) 4 x 6 = **24**

22) 2 x 7 = **14**

23) 10 x 6 = **60**

24) 6 x 9 = **54**

25) 10 x 3 = **30**

26) 4 x 1 = **4**

27) 3 x 3 = **9**

28) 1 x 8 = **8**

29) 6 x 6 = **36**

30) 7 x 10 = **70**

31) 5 x 11 = **55**

32) 11 x 9 = **99**

33) 11 x 5 = **55**

34) 8 x 1 = **8**

35) 4 x 2 = **8**

36) 6 x 9 = **54**

37) 2 x 12 = **24**

38) 3 x 8 = **24**

39) 10 x 8 = **80**

40) 10 x 10 = **100**

41) 3 x 3 = **9**

42) 6 x 8 = **48**

43) 9 x 2 = **18**

44) 7 x 2 = **14**

45) 10 x 5 = **50**

46) 5 x 5 = **25**

47) 12 x 9 = **108**

48) 7 x 5 = **35**

49) 10 x 12 = **120**

50) 12 x 11 = **132**

51) 10 x 9 = **90**

52) 4 x 10 = **40**

53) 10 x 11 = **110**

54) 6 x 2 = **12**

55) 10 x 4 = **40**

56) 3 x 1 = **3**

57) 7 x 10 = **70**

58) 10 x 8 = **80**

59) 2 x 6 = **12**

60) 12 x 1 = **12**

Date : _____   Name : _____

Time : _____   Score : _____/60

 Multiplication Worksheet For 1 to 12

1) 3 x 1 = _____   2) 3 x 11 = _____   3) 6 x 6 = _____

4) 10 x 7 = _____   5) 2 x 1 = _____   6) 3 x 11 = _____

7) 7 x 2 = _____   8) 6 x 11 = _____   9) 7 x 3 = _____

10) 5 x 11 = _____   11) 6 x 6 = _____   12) 5 x 1 = _____

13) 3 x 8 = _____   14) 5 x 5 = _____   15) 8 x 11 = _____

16) 2 x 3 = _____   17) 6 x 2 = _____   18) 10 x 6 = _____

19) 8 x 5 = _____   20) 10 x 11 = _____   21) 7 x 8 = _____

22) 10 x 7 = _____   23) 9 x 4 = _____   24) 11 x 8 = _____

25) 5 x 11 = _____   26) 12 x 12 = _____   27) 2 x 9 = _____

28) 12 x 11 = _____   29) 12 x 1 = _____   30) 8 x 6 = _____

31) 6 x 2 = _____   32) 6 x 4 = _____   33) 9 x 5 = _____

34) 3 x 6 = _____   35) 9 x 2 = _____   36) 2 x 5 = _____

37) 6 x 1 = _____   38) 9 x 6 = _____   39) 5 x 6 = _____

40) 1 x 10 = _____   41) 3 x 11 = _____   42) 12 x 1 = _____

43) 2 x 9 = _____   44) 5 x 6 = _____   45) 7 x 6 = _____

46) 3 x 3 = _____   47) 4 x 1 = _____   48) 7 x 9 = _____

49) 12 x 2 = _____   50) 9 x 9 = _____   51) 6 x 3 = _____

52) 8 x 9 = _____   53) 10 x 6 = _____   54) 8 x 11 = _____

55) 4 x 10 = _____   56) 12 x 6 = _____   57) 9 x 11 = _____

58) 6 x 8 = _____   59) 4 x 6 = _____   60) 7 x 2 = _____

Answer Key

Multiplication Worksheet 1 to 12

1) 3 x 1 = **3**

2) 3 x 11 = **33**

3) 6 x 6 = **36**

4) 10 x 7 = **70**

5) 2 x 1 = **2**

6) 3 x 11 = **33**

7) 7 x 2 = **14**

8) 6 x 11 = **66**

9) 7 x 3 = **21**

10) 5 x 11 = **55**

11) 6 x 6 = **36**

12) 5 x 1 = **5**

13) 3 x 8 = **24**

14) 5 x 5 = **25**

15) 8 x 11 = **88**

16) 2 x 3 = **6**

17) 6 x 2 = **12**

18) 10 x 6 = **60**

19) 8 x 5 = **40**

20) 10 x 11 = **110**

21) 7 x 8 = **56**

22) 10 x 7 = **70**

23) 9 x 4 = **36**

24) 11 x 8 = **88**

25) 5 x 11 = **55**

26) 12 x 12 = **144**

27) 2 x 9 = **18**

28) 12 x 11 = **132**

29) 12 x 1 = **12**

30) 8 x 6 = **48**

31) 6 x 2 = **12**

32) 6 x 4 = **24**

33) 9 x 5 = **45**

34) 3 x 6 = **18**

35) 9 x 2 = **18**

36) 2 x 5 = **10**

37) 6 x 1 = **6**

38) 9 x 6 = **54**

39) 5 x 6 = **30**

40) 1 x 10 = **10**

41) 3 x 11 = **33**

42) 12 x 1 = **12**

43) 2 x 9 = **18**

44) 5 x 6 = **30**

45) 7 x 6 = **42**

46) 3 x 3 = **9**

47) 4 x 1 = **4**

48) 7 x 9 = **63**

49) 12 x 2 = **24**

50) 9 x 9 = **81**

51) 6 x 3 = **18**

52) 8 x 9 = **72**

53) 10 x 6 = **60**

54) 8 x 11 = **88**

55) 4 x 10 = **40**

56) 12 x 6 = **72**

57) 9 x 11 = **99**

58) 6 x 8 = **48**

59) 4 x 6 = **24**

60) 7 x 2 = **14**

Date : _____   Name : _____
Time : _____   Score : _____/60

 Multiplication Worksheet For 1 to 12

1) 4 x 1 = _____   2) 5 x 6 = _____   3) 6 x 6 = _____

4) 6 x 3 = _____   5) 9 x 10 = _____   6) 4 x 3 = _____

7) 4 x 6 = _____   8) 7 x 5 = _____   9) 3 x 4 = _____

10) 2 x 9 = _____   11) 7 x 6 = _____   12) 8 x 9 = _____

13) 9 x 5 = _____   14) 4 x 8 = _____   15) 4 x 4 = _____

16) 1 x 8 = _____   17) 10 x 3 = _____   18) 4 x 8 = _____

19) 2 x 3 = _____   20) 12 x 3 = _____   21) 2 x 4 = _____

22) 8 x 10 = _____   23) 8 x 11 = _____   24) 5 x 8 = _____

25) 2 x 3 = _____   26) 10 x 11 = _____   27) 10 x 6 = _____

28) 5 x 11 = _____   29) 5 x 3 = _____   30) 5 x 11 = _____

31) 4 x 12 = _____   32) 8 x 11 = _____   33) 6 x 10 = _____

34) 11 x 6 = _____   35) 5 x 5 = _____   36) 4 x 1 = _____

37) 10 x 4 = _____   38) 2 x 2 = _____   39) 10 x 9 = _____

40) 2 x 12 = _____   41) 4 x 11 = _____   42) 8 x 10 = _____

43) 11 x 4 = _____   44) 5 x 5 = _____   45) 12 x 4 = _____

46) 9 x 10 = _____   47) 11 x 4 = _____   48) 11 x 2 = _____

49) 7 x 12 = _____   50) 7 x 6 = _____   51) 7 x 7 = _____

52) 6 x 11 = _____   53) 4 x 3 = _____   54) 3 x 4 = _____

55) 8 x 10 = _____   56) 7 x 7 = _____   57) 6 x 11 = _____

58) 7 x 3 = _____   59) 8 x 11 = _____   60) 9 x 3 = _____

Answer Key

Multiplication Worksheet 1 to 12

1) 4 x 1 = **4**

2) 5 x 6 = **30**

3) 6 x 6 = **36**

4) 6 x 3 = **18**

5) 9 x 10 = **90**

6) 4 x 3 = **12**

7) 4 x 6 = **24**

8) 7 x 5 = **35**

9) 3 x 4 = **12**

10) 2 x 9 = **18**

11) 7 x 6 = **42**

12) 8 x 9 = **72**

13) 9 x 5 = **45**

14) 4 x 8 = **32**

15) 4 x 4 = **16**

16) 1 x 8 = **8**

17) 10 x 3 = **30**

18) 4 x 8 = **32**

19) 2 x 3 = **6**

20) 12 x 3 = **36**

21) 2 x 4 = **8**

22) 8 x 10 = **80**

23) 8 x 11 = **88**

24) 5 x 8 = **40**

25) 2 x 3 = **6**

26) 10 x 11 = **110**

27) 10 x 6 = **60**

28) 5 x 11 = **55**

29) 5 x 3 = **15**

30) 5 x 11 = **55**

31) 4 x 12 = **48**

32) 8 x 11 = **88**

33) 6 x 10 = **60**

34) 11 x 6 = **66**

35) 5 x 5 = **25**

36) 4 x 1 = **4**

37) 10 x 4 = **40**

38) 2 x 2 = **4**

39) 10 x 9 = **90**

40) 2 x 12 = **24**

41) 4 x 11 = **44**

42) 8 x 10 = **80**

43) 11 x 4 = **44**

44) 5 x 5 = **25**

45) 12 x 4 = **48**

46) 9 x 10 = **90**

47) 11 x 4 = **44**

48) 11 x 2 = **22**

49) 7 x 12 = **84**

50) 7 x 6 = **42**

51) 7 x 7 = **49**

52) 6 x 11 = **66**

53) 4 x 3 = **12**

54) 3 x 4 = **12**

55) 8 x 10 = **80**

56) 7 x 7 = **49**

57) 6 x 11 = **66**

58) 7 x 3 = **21**

59) 8 x 11 = **88**

60) 9 x 3 = **27**

Date : _____   Name : _____

Time : _____   Score : _____/60

 Multiplication Worksheet For 1 to 12

1) 4 x 7 = _____   2) 9 x 8 = _____   3) 5 x 6 = _____

4) 5 x 6 = _____   5) 10 x 1 = _____   6) 5 x 12 = _____

7) 5 x 8 = _____   8) 10 x 2 = _____   9) 10 x 6 = _____

10) 5 x 10 = _____   11) 6 x 4 = _____   12) 12 x 5 = _____

13) 7 x 7 = _____   14) 6 x 9 = _____   15) 5 x 11 = _____

16) 11 x 1 = _____   17) 6 x 8 = _____   18) 10 x 2 = _____

19) 7 x 5 = _____   20) 8 x 9 = _____   21) 9 x 5 = _____

22) 11 x 6 = _____   23) 8 x 10 = _____   24) 12 x 2 = _____

25) 10 x 0 = _____   26) 5 x 3 = _____   27) 11 x 10 = _____

28) 7 x 12 = _____   29) 11 x 9 = _____   30) 9 x 11 = _____

31) 5 x 10 = _____   32) 7 x 4 = _____   33) 9 x 2 = _____

34) 4 x 1 = _____   35) 12 x 3 = _____   36) 10 x 7 = _____

37) 9 x 8 = _____   38) 7 x 3 = _____   39) 3 x 9 = _____

40) 1 x 2 = _____   41) 9 x 8 = _____   42) 3 x 9 = _____

43) 5 x 12 = _____   44) 3 x 6 = _____   45) 4 x 7 = _____

46) 9 x 2 = _____   47) 12 x 10 = _____   48) 9 x 11 = _____

49) 5 x 8 = _____   50) 12 x 2 = _____   51) 3 x 10 = _____

52) 8 x 3 = _____   53) 8 x 5 = _____   54) 4 x 10 = _____

55) 9 x 6 = _____   56) 7 x 5 = _____   57) 2 x 10 = _____

58) 5 x 1 = _____   59) 2 x 9 = _____   60) 3 x 5 = _____

Answer Key

Multiplication Worksheet 1 to 12

1) 4 x 7 = **28**

2) 9 x 8 = **72**

3) 5 x 6 = **30**

4) 5 x 6 = **30**

5) 10 x 1 = **10**

6) 5 x 12 = **60**

7) 5 x 8 = **40**

8) 10 x 2 = **20**

9) 10 x 6 = **60**

10) 5 x 10 = **50**

11) 6 x 4 = **24**

12) 12 x 5 = **60**

13) 7 x 7 = **49**

14) 6 x 9 = **54**

15) 5 x 11 = **55**

16) 11 x 1 = **11**

17) 6 x 8 = **48**

18) 10 x 2 = **20**

19) 7 x 5 = **35**

20) 8 x 9 = **72**

21) 9 x 5 = **45**

22) 11 x 6 = **66**

23) 8 x 10 = **80**

24) 12 x 2 = **24**

25) 10 x 0 = **0**

26) 5 x 3 = **15**

27) 11 x 10 = **110**

28) 7 x 12 = **84**

29) 11 x 9 = **99**

30) 9 x 11 = **99**

31) 5 x 10 = **50**

32) 7 x 4 = **28**

33) 9 x 2 = **18**

34) 4 x 1 = **4**

35) 12 x 3 = **36**

36) 10 x 7 = **70**

37) 9 x 8 = **72**

38) 7 x 3 = **21**

39) 3 x 9 = **27**

40) 1 x 2 = **2**

41) 9 x 8 = **72**

42) 3 x 9 = **27**

43) 5 x 12 = **60**

44) 3 x 6 = **18**

45) 4 x 7 = **28**

46) 9 x 2 = **18**

47) 12 x 10 = **120**

48) 9 x 11 = **99**

49) 5 x 8 = **40**

50) 12 x 2 = **24**

51) 3 x 10 = **30**

52) 8 x 3 = **24**

53) 8 x 5 = **40**

54) 4 x 10 = **40**

55) 9 x 6 = **54**

56) 7 x 5 = **35**

57) 2 x 10 = **20**

58) 5 x 1 = **5**

59) 2 x 9 = **18**

60) 3 x 5 = **15**

Date : _____   Name : _____
Time : _____   Score : _____/60

 Multiplication Worksheet For 1 to 12

1) 3 x 7 = _____   2) 9 x 9 = _____   3) 12 x 4 = _____

4) 5 x 4 = _____   5) 2 x 12 = _____   6) 9 x 10 = _____

7) 2 x 6 = _____   8) 3 x 12 = _____   9) 8 x 6 = _____

10) 1 x 10 = _____   11) 6 x 3 = _____   12) 12 x 12 = _____

13) 1 x 6 = _____   14) 6 x 4 = _____   15) 4 x 6 = _____

16) 7 x 11 = _____   17) 4 x 5 = _____   18) 4 x 4 = _____

19) 8 x 3 = _____   20) 5 x 10 = _____   21) 5 x 12 = _____

22) 5 x 2 = _____   23) 5 x 3 = _____   24) 6 x 5 = _____

25) 5 x 2 = _____   26) 12 x 11 = _____   27) 2 x 7 = _____

28) 8 x 3 = _____   29) 8 x 6 = _____   30) 2 x 4 = _____

31) 1 x 3 = _____   32) 7 x 1 = _____   33) 9 x 3 = _____

34) 4 x 5 = _____   35) 5 x 2 = _____   36) 9 x 2 = _____

37) 9 x 8 = _____   38) 12 x 11 = _____   39) 8 x 8 = _____

40) 3 x 11 = _____   41) 3 x 5 = _____   42) 2 x 3 = _____

43) 12 x 6 = _____   44) 8 x 8 = _____   45) 4 x 9 = _____

46) 3 x 11 = _____   47) 6 x 5 = _____   48) 9 x 4 = _____

49) 11 x 4 = _____   50) 4 x 10 = _____   51) 11 x 9 = _____

52) 9 x 3 = _____   53) 3 x 7 = _____   54) 10 x 6 = _____

55) 4 x 9 = _____   56) 3 x 5 = _____   57) 4 x 8 = _____

58) 2 x 3 = _____   59) 9 x 7 = _____   60) 6 x 1 = _____

Answer Key

Multiplication Worksheet 1 to 12

1) 3 x 7 = **21**

2) 9 x 9 = **81**

3) 12 x 4 = **48**

4) 5 x 4 = **20**

5) 2 x 12 = **24**

6) 9 x 10 = **90**

7) 2 x 6 = **12**

8) 3 x 12 = **36**

9) 8 x 6 = **48**

10) 1 x 10 = **10**

11) 6 x 3 = **18**

12) 12 x 12 = **144**

13) 1 x 6 = **6**

14) 6 x 4 = **24**

15) 4 x 6 = **24**

16) 7 x 11 = **77**

17) 4 x 5 = **20**

18) 4 x 4 = **16**

19) 8 x 3 = **24**

20) 5 x 10 = **50**

21) 5 x 12 = **60**

22) 5 x 2 = **10**

23) 5 x 3 = **15**

24) 6 x 5 = **30**

25) 5 x 2 = **10**

26) 12 x 11 = **132**

27) 2 x 7 = **14**

28) 8 x 3 = **24**

29) 8 x 6 = **48**

30) 2 x 4 = **8**

31) 1 x 3 = **3**

32) 7 x 1 = **7**

33) 9 x 3 = **27**

34) 4 x 5 = **20**

35) 5 x 2 = **10**

36) 9 x 2 = **18**

37) 9 x 8 = **72**

38) 12 x 11 = **132**

39) 8 x 8 = **64**

40) 3 x 11 = **33**

41) 3 x 5 = **15**

42) 2 x 3 = **6**

43) 12 x 6 = **72**

44) 8 x 8 = **64**

45) 4 x 9 = **36**

46) 3 x 11 = **33**

47) 6 x 5 = **30**

48) 9 x 4 = **36**

49) 11 x 4 = **44**

50) 4 x 10 = **40**

51) 11 x 9 = **99**

52) 9 x 3 = **27**

53) 3 x 7 = **21**

54) 10 x 6 = **60**

55) 4 x 9 = **36**

56) 3 x 5 = **15**

57) 4 x 8 = **32**

58) 2 x 3 = **6**

59) 9 x 7 = **63**

60) 6 x 1 = **6**

Date : _____   Name : _____

Time : _____   Score : _____/60

 Multiplication Worksheet For 1 to 12

1) 9 x 10 = _____   2) 3 x 12 = _____   3) 4 x 9 = _____

4) 8 x 7 = _____   5) 10 x 7 = _____   6) 3 x 1 = _____

7) 3 x 5 = _____   8) 5 x 4 = _____   9) 7 x 1 = _____

10) 10 x 9 = _____   11) 7 x 3 = _____   12) 9 x 8 = _____

13) 2 x 11 = _____   14) 10 x 8 = _____   15) 4 x 11 = _____

16) 9 x 9 = _____   17) 11 x 2 = _____   18) 2 x 10 = _____

19) 10 x 1 = _____   20) 11 x 6 = _____   21) 5 x 10 = _____

22) 11 x 6 = _____   23) 4 x 12 = _____   24) 6 x 6 = _____

25) 5 x 8 = _____   26) 11 x 5 = _____   27) 10 x 3 = _____

28) 3 x 3 = _____   29) 9 x 3 = _____   30) 9 x 7 = _____

31) 5 x 10 = _____   32) 10 x 11 = _____   33) 5 x 8 = _____

34) 4 x 6 = _____   35) 4 x 2 = _____   36) 8 x 11 = _____

37) 6 x 8 = _____   38) 2 x 4 = _____   39) 10 x 12 = _____

40) 1 x 7 = _____   41) 4 x 7 = _____   42) 12 x 9 = _____

43) 12 x 9 = _____   44) 11 x 12 = _____   45) 8 x 5 = _____

46) 4 x 7 = _____   47) 6 x 10 = _____   48) 7 x 8 = _____

49) 5 x 10 = _____   50) 11 x 10 = _____   51) 9 x 3 = _____

52) 2 x 11 = _____   53) 7 x 1 = _____   54) 11 x 10 = _____

55) 10 x 12 = _____   56) 8 x 10 = _____   57) 6 x 5 = _____

58) 9 x 11 = _____   59) 7 x 9 = _____   60) 3 x 6 = _____

Answer Key

Multiplication Worksheet 1 to 12

1) 9 x 10 = **90**

2) 3 x 12 = **36**

3) 4 x 9 = **36**

4) 8 x 7 = **56**

5) 10 x 7 = **70**

6) 3 x 1 = **3**

7) 3 x 5 = **15**

8) 5 x 4 = **20**

9) 7 x 1 = **7**

10) 10 x 9 = **90**

11) 7 x 3 = **21**

12) 9 x 8 = **72**

13) 2 x 11 = **22**

14) 10 x 8 = **80**

15) 4 x 11 = **44**

16) 9 x 9 = **81**

17) 11 x 2 = **22**

18) 2 x 10 = **20**

19) 10 x 1 = **10**

20) 11 x 6 = **66**

21) 5 x 10 = **50**

22) 11 x 6 = **66**

23) 4 x 12 = **48**

24) 6 x 6 = **36**

25) 5 x 8 = **40**

26) 11 x 5 = **55**

27) 10 x 3 = **30**

28) 3 x 3 = **9**

29) 9 x 3 = **27**

30) 9 x 7 = **63**

31) 5 x 10 = **50**

32) 10 x 11 = **110**

33) 5 x 8 = **40**

34) 4 x 6 = **24**

35) 4 x 2 = **8**

36) 8 x 11 = **88**

37) 6 x 8 = **48**

38) 2 x 4 = **8**

39) 10 x 12 = **120**

40) 1 x 7 = **7**

41) 4 x 7 = **28**

42) 12 x 9 = **108**

43) 12 x 9 = **108**

44) 11 x 12 = **132**

45) 8 x 5 = **40**

46) 4 x 7 = **28**

47) 6 x 10 = **60**

48) 7 x 8 = **56**

49) 5 x 10 = **50**

50) 11 x 10 = **110**

51) 9 x 3 = **27**

52) 2 x 11 = **22**

53) 7 x 1 = **7**

54) 11 x 10 = **110**

55) 10 x 12 = **120**

56) 8 x 10 = **80**

57) 6 x 5 = **30**

58) 9 x 11 = **99**

59) 7 x 9 = **63**

60) 3 x 6 = **18**

Date : _____   Name : _____

Time : _____   Score : _____/60

 Multiplication Worksheet For 1 to 12

1) 6 x 9 = _____   2) 11 x 3 = _____   3) 5 x 6 = _____

4) 4 x 2 = _____   5) 12 x 3 = _____   6) 7 x 7 = _____

7) 7 x 6 = _____   8) 3 x 11 = _____   9) 9 x 6 = _____

10) 5 x 8 = _____   11) 4 x 5 = _____   12) 9 x 8 = _____

13) 6 x 2 = _____   14) 9 x 10 = _____   15) 2 x 2 = _____

16) 3 x 4 = _____   17) 6 x 1 = _____   18) 6 x 3 = _____

19) 2 x 11 = _____   20) 8 x 4 = _____   21) 6 x 9 = _____

22) 2 x 3 = _____   23) 12 x 8 = _____   24) 4 x 7 = _____

25) 4 x 11 = _____   26) 12 x 9 = _____   27) 5 x 6 = _____

28) 4 x 5 = _____   29) 10 x 4 = _____   30) 4 x 1 = _____

31) 6 x 4 = _____   32) 10 x 10 = _____   33) 7 x 6 = _____

34) 3 x 7 = _____   35) 9 x 3 = _____   36) 12 x 5 = _____

37) 4 x 12 = _____   38) 4 x 2 = _____   39) 5 x 9 = _____

40) 4 x 12 = _____   41) 4 x 12 = _____   42) 1 x 0 = _____

43) 6 x 11 = _____   44) 10 x 9 = _____   45) 2 x 8 = _____

46) 10 x 12 = _____   47) 1 x 9 = _____   48) 6 x 9 = _____

49) 6 x 12 = _____   50) 9 x 7 = _____   51) 2 x 3 = _____

52) 2 x 9 = _____   53) 11 x 5 = _____   54) 11 x 7 = _____

55) 7 x 2 = _____   56) 2 x 11 = _____   57) 6 x 2 = _____

58) 4 x 8 = _____   59) 10 x 2 = _____   60) 4 x 1 = _____

Answer Key

Multiplication Worksheet 1 to 12

1) 6 x 9 = **54**

2) 11 x 3 = **33**

3) 5 x 6 = **30**

4) 4 x 2 = **8**

5) 12 x 3 = **36**

6) 7 x 7 = **49**

7) 7 x 6 = **42**

8) 3 x 11 = **33**

9) 9 x 6 = **54**

10) 5 x 8 = **40**

11) 4 x 5 = **20**

12) 9 x 8 = **72**

13) 6 x 2 = **12**

14) 9 x 10 = **90**

15) 2 x 2 = **4**

16) 3 x 4 = **12**

17) 6 x 1 = **6**

18) 6 x 3 = **18**

19) 2 x 11 = **22**

20) 8 x 4 = **32**

21) 6 x 9 = **54**

22) 2 x 3 = **6**

23) 12 x 8 = **96**

24) 4 x 7 = **28**

25) 4 x 11 = **44**

26) 12 x 9 = **108**

27) 5 x 6 = **30**

28) 4 x 5 = **20**

29) 10 x 4 = **40**

30) 4 x 1 = **4**

31) 6 x 4 = **24**

32) 10 x 10 = **100**

33) 7 x 6 = **42**

34) 3 x 7 = **21**

35) 9 x 3 = **27**

36) 12 x 5 = **60**

37) 4 x 12 = **48**

38) 4 x 2 = **8**

39) 5 x 9 = **45**

40) 4 x 12 = **48**

41) 4 x 12 = **48**

42) 1 x 0 = **0**

43) 6 x 11 = **66**

44) 10 x 9 = **90**

45) 2 x 8 = **16**

46) 10 x 12 = **120**

47) 1 x 9 = **9**

48) 6 x 9 = **54**

49) 6 x 12 = **72**

50) 9 x 7 = **63**

51) 2 x 3 = **6**

52) 2 x 9 = **18**

53) 11 x 5 = **55**

54) 11 x 7 = **77**

55) 7 x 2 = **14**

56) 2 x 11 = **22**

57) 6 x 2 = **12**

58) 4 x 8 = **32**

59) 10 x 2 = **20**

60) 4 x 1 = **4**

Date : _____   Name : _____
Time : _____   Score : _____/60

   Missing Multiplier 1 to 9

1) _____ x 4 = 20   2) 5 x _____ = 20   3) 7 x _____ = 14

4) 1 x 5 = _____   5) 8 x _____ = 24   6) 2 x 2 = _____

7) _____ x 2 = 4   8) _____ x 1 = 1   9) 8 x _____ = 40

10) _____ x 5 = 15   11) 8 x _____ = 32   12) 5 x 2 = _____

13) 4 x _____ = 8   14) 1 x _____ = 5   15) 1 x _____ = 4

16) 6 x _____ = 18   17) 9 x 3 = _____   18) _____ x 3 = 24

19) 1 x _____ = 1   20) 7 x 4 = _____   21) _____ x 3 = 21

22) _____ x 3 = 21   23) 4 x 4 = _____   24) 5 x _____ = 20

25) 9 x 5 = _____   26) 9 x _____ = 9   27) 5 x _____ = 20

28) 1 x 3 = _____   29) 2 x 2 = _____   30) 7 x _____ = 35

31) 4 x _____ = 16   32) _____ x 5 = 40   33) 3 x _____ = 15

34) 3 x _____ = 3   35) _____ x 5 = 10   36) 5 x _____ = 10

37) 4 x _____ = 12   38) 3 x _____ = 12   39) 9 x _____ = 36

40) 8 x _____ = 16   41) 8 x _____ = 32   42) _____ x 3 = 15

43) _____ x 3 = 15   44) 6 x _____ = 18   45) _____ x 3 = 27

46) 7 x _____ = 14   47) _____ x 3 = 6   48) _____ x 3 = 15

49) _____ x 4 = 28   50) 5 x _____ = 15   51) 8 x _____ = 24

52) 8 x 3 = _____   53) _____ x 2 = 16   54) 8 x 3 = _____

55) _____ x 2 = 10   56) _____ x 5 = 35   57) 4 x _____ = 8

58) _____ x 5 = 25   59) _____ x 3 = 21   60) 7 x 2 = _____

Answer Key

Missing Multiplier 1 to 9

1) **5** x 4 = 20

2) 5 x **4** = 20

3) 7 x **2** = 14

4) 1 x 5 = **5**

5) 8 x **3** = 24

6) 2 x 2 = **4**

7) **2** x 2 = 4

8) **1** x 1 = 1

9) 8 x **5** = 40

10) **3** x 5 = 15

11) 8 x **4** = 32

12) 5 x 2 = **10**

13) 4 x **2** = 8

14) 1 x **5** = 5

15) 1 x **4** = 4

16) 6 x **3** = 18

17) 9 x 3 = **27**

18) **8** x 3 = 24

19) 1 x **1** = 1

20) 7 x 4 = **28**

21) **7** x 3 = 21

22) **7** x 3 = 21

23) 4 x 4 = **16**

24) 5 x **4** = 20

25) 9 x 5 = **45**

26) 9 x **1** = 9

27) 5 x **4** = 20

28) 1 x 3 = **3**

29) 2 x 2 = **4**

30) 7 x **5** = 35

31) 4 x **4** = 16

32) **8** x 5 = 40

33) 3 x **5** = 15

34) 3 x **1** = 3

35) **2** x 5 = 10

36) 5 x **2** = 10

37) 4 x **3** = 12

38) 3 x **4** = 12

39) 9 x **4** = 36

40) 8 x **2** = 16

41) 8 x **4** = 32

42) **5** x 3 = 15

43) **5** x 3 = 15

44) 6 x **3** = 18

45) **9** x 3 = 27

46) 7 x **2** = 14

47) **2** x 3 = 6

48) **5** x 3 = 15

49) **7** x 4 = 28

50) 5 x **3** = 15

51) 8 x **3** = 24

52) 8 x 3 = **24**

53) **8** x 2 = 16

54) 8 x 3 = **24**

55) **5** x 2 = 10

56) **7** x 5 = 35

57) 4 x **2** = 8

58) **5** x 5 = 25

59) **7** x 3 = 21

60) 7 x 2 = **14**

Missing Multiplier 1 to 9

1)_____ x 5 = 5

2) 9 x 2 = _____

3)_____ x 2 = 14

4) 8 x_____= 32

5)_____x 4 = 16

6) 2 x_____= 4

7) 3 x 3 = _____

8) 4 x_____= 16

9) 6 x_____= 18

10) 7 x_____= 14

11) 1 x_____= 4

12) 7 x 3 = _____

13)_____x 2 = 12

14)_____x 1 = 3

15)_____x 4 = 28

16) 4 x_____= 12

17) 6 x 4 = _____

18) 6 x_____= 18

19) 4 x_____= 16

20) 9 x_____= 36

21)_____x 4 = 8

22)_____x 4 = 4

23)_____x 5 = 20

24) 8 x 3 = _____

25)_____x 3 = 9

26) 5 x_____= 20

27) 8 x 4 = _____

28)_____x 4 = 16

29) 6 x 5 = _____

30) 8 x_____= 32

31) 2 x_____= 6

32) 6 x 3 = _____

33)_____x 4 = 16

34)_____x 3 = 18

35) 9 x_____= 36

36)_____x 2 = 16

37) 4 x_____= 16

38)_____x 4 = 16

39) 3 x 1 = _____

40)_____x 3 = 24

41) 7 x 2 = _____

42)_____x 5 = 45

43)_____x 4 = 28

44) 2 x_____= 4

45) 8 x 1 = _____

46)_____x 5 = 30

47) 7 x_____= 28

48)_____x 3 = 12

49)_____x 4 = 24

50) 9 x 4 = _____

51) 9 x_____= 27

52) 5 x_____= 25

53) 7 x_____= 35

54) 9 x_____= 36

55)_____x 3 = 21

56) 9 x_____= 36

57)_____x 3 = 18

58) 8 x_____= 16

59)_____x 1 = 1

60) 7 x 2 = _____

Answer Key
Missing Multiplier 1 to 9

1) **1** x 5 = 5

2) 9 x 2 = **18**

3) **7** x 2 = 14

4) 8 x **4** = 32

5) **4** x 4 = 16

6) 2 x **2** = 4

7) 3 x 3 = **9**

8) 4 x **4** = 16

9) 6 x **3** = 18

10) 7 x **2** = 14

11) 1 x **4** = 4

12) 7 x 3 = **21**

13) **6** x 2 = 12

14) **3** x 1 = 3

15) **7** x 4 = 28

16) 4 x **3** = 12

17) 6 x 4 = **24**

18) 6 x **3** = 18

19) 4 x **4** = 16

20) 9 x **4** = 36

21) **2** x 4 = 8

22) **1** x 4 = 4

23) **4** x 5 = 20

24) 8 x 3 = **24**

25) **3** x 3 = 9

26) 5 x **4** = 20

27) 8 x 4 = **32**

28) **4** x 4 = 16

29) 6 x 5 = **30**

30) 8 x **4** = 32

31) 2 x **3** = 6

32) 6 x 3 = **18**

33) **4** x 4 = 16

34) **6** x 3 = 18

35) 9 x **4** = 36

36) **8** x 2 = 16

37) 4 x **4** = 16

38) **4** x 4 = 16

39) 3 x 1 = **3**

40) **8** x 3 = 24

41) 7 x 2 = **14**

42) **9** x 5 = 45

43) **7** x 4 = 28

44) 2 x **2** = 4

45) 8 x 1 = **8**

46) **6** x 5 = 30

47) 7 x **4** = 28

48) **4** x 3 = 12

49) **6** x 4 = 24

50) 9 x 4 = **36**

51) 9 x **3** = 27

52) 5 x **5** = 25

53) 7 x **5** = 35

54) 9 x **4** = 36

55) **7** x 3 = 21

56) 9 x **4** = 36

57) **6** x 3 = 18

58) 8 x **2** = 16

59) **1** x 1 = 1

60) 7 x 2 = **14**

Missing Multiplier 1 to 9

1) 1 x 3 = _____   2)_____x 2 = 2   3) 9 x 4 = _____

4) 9 x_____= 36   5) 1 x_____= 5   6)_____x 3 = 18

7)_____x 3 = 15   8)_____x 1 = 8   9) 9 x_____= 18

10) 7 x 3 = _____   11) 4 x_____= 12   12) 4 x 3 = _____

13)_____x 4 = 28   14)_____x 2 = 14   15)_____x 4 = 8

16) 7 x 4 = _____   17) 8 x_____= 32   18) 3 x 3 = _____

19) 7 x 2 = _____   20) 7 x 2 = _____   21)_____x 1 = 2

22) 3 x 5 = _____   23) 6 x_____= 18   24)_____x 4 = 28

25) 7 x_____= 28   26) 3 x_____= 12   27)_____x 3 = 9

28)_____x 5 = 10   29) 8 x_____= 8   30) 1 x_____= 4

31) 1 x_____= 4   32)_____x 4 = 8   33) 8 x_____= 40

34) 6 x_____= 30   35) 8 x_____= 16   36)_____x 2 = 12

37)_____x 4 = 24   38) 4 x_____= 20   39)_____x 2 = 18

40)_____x 3 = 27   41) 8 x_____= 16   42) 2 x 3 = _____

43)_____x 4 = 16   44) 2 x_____= 4   45)_____x 2 = 4

46)_____x 4 = 20   47)_____x 5 = 15   48) 1 x_____= 1

49)_____x 2 = 6   50) 9 x_____= 27   51) 8 x_____= 40

52) 2 x 4 = _____   53) 4 x_____= 8   54)_____x 3 = 12

55) 9 x_____= 36   56) 1 x 4 = _____   57) 4 x_____= 4

58)_____x 2 = 16   59) 3 x_____= 9   60) 6 x 2 = _____

Answer Key

Missing Multiplier 1 to 9

1) 1 x 3 = **3**

2) **1** x 2 = 2

3) 9 x 4 = **36**

4) 9 x **4** = 36

5) 1 x **5** = 5

6) **6** x 3 = 18

7) **5** x 3 = 15

8) **8** x 1 = 8

9) 9 x **2** = 18

10) 7 x 3 = **21**

11) 4 x **3** = 12

12) 4 x 3 = **12**

13) **7** x 4 = 28

14) **7** x 2 = 14

15) **2** x 4 = 8

16) 7 x 4 = **28**

17) 8 x **4** = 32

18) 3 x 3 = **9**

19) 7 x 2 = **14**

20) 7 x 2 = **14**

21) **2** x 1 = 2

22) 3 x 5 = **15**

23) 6 x **3** = 18

24) **7** x 4 = 28

25) 7 x **4** = 28

26) 3 x **4** = 12

27) **3** x 3 = 9

28) **2** x 5 = 10

29) 8 x **1** = 8

30) 1 x **4** = 4

31) 1 x **4** = 4

32) **2** x 4 = 8

33) 8 x **5** = 40

34) 6 x **5** = 30

35) 8 x **2** = 16

36) **6** x 2 = 12

37) **6** x 4 = 24

38) 4 x **5** = 20

39) **9** x 2 = 18

40) **9** x 3 = 27

41) 8 x **2** = 16

42) 2 x 3 = **6**

43) **4** x 4 = 16

44) 2 x **2** = 4

45) **2** x 2 = 4

46) **5** x 4 = 20

47) **3** x 5 = 15

48) 1 x **1** = 1

49) **3** x 2 = 6

50) 9 x **3** = 27

51) 8 x **5** = 40

52) 2 x 4 = **8**

53) 4 x **2** = 8

54) **4** x 3 = 12

55) 9 x **4** = 36

56) 1 x 4 = **4**

57) 4 x **1** = 4

58) **8** x 2 = 16

59) 3 x **3** = 9

60) 6 x 2 = **12**

Date : _____

Time : _____

Name : _____

Score : _____/60

Missing Multiplier 1 to 9

1) 1 x 3 = _____

2) _____ x 2 = 2

3) 9 x 4 = _____

4) 9 x_____ = 36

5) 1 x_____ = 5

6) _____ x 3 = 18

7) _____ x 3 = 15

8) _____ x 1 = 8

9) 9 x_____ = 18

10) 7 x 3 = _____

11) 4 x_____ = 12

12) 4 x 3 = _____

13) _____ x 4 = 28

14) _____ x 2 = 14

15) _____ x 4 = 8

16) 7 x 4 = _____

17) 8 x_____ = 32

18) 3 x 3 = _____

19) 7 x 2 = _____

20) 7 x 2 = _____

21) _____ x 1 = 2

22) 3 x 5 = _____

23) 6 x_____ = 18

24) _____ x 4 = 28

25) 7 x_____ = 28

26) 3 x_____ = 12

27) _____ x 3 = 9

28) _____ x 5 = 10

29) 8 x_____ = 8

30) 1 x_____ = 4

31) 1 x_____ = 4

32) _____ x 4 = 8

33) 8 x_____ = 40

34) 6 x_____ = 30

35) 8 x_____ = 16

36) _____ x 2 = 12

37) _____ x 4 = 24

38) 4 x_____ = 20

39) _____ x 2 = 18

40) _____ x 3 = 27

41) 8 x_____ = 16

42) 2 x 3 = _____

43) _____ x 4 = 16

44) 2 x_____ = 4

45) _____ x 2 = 4

46) _____ x 4 = 20

47) _____ x 5 = 15

48) 1 x_____ = 1

49) _____ x 2 = 6

50) 9 x_____ = 27

51) 8 x_____ = 40

52) 2 x 4 = _____

53) 4 x_____ = 8

54) _____ x 3 = 12

55) 9 x_____ = 36

56) 1 x 4 = _____

57) 4 x_____ = 4

58) _____ x 2 = 16

59) 3 x_____ = 9

60) 6 x 2 = _____

Answer Key

Missing Multiplier 1 to 9

1) 1 x 3 = **3**

2) **1** x 2 = 2

3) 9 x 4 = **36**

4) 9 x **4** = 36

5) 1 x **5** = 5

6) **6** x 3 = 18

7) **5** x 3 = 15

8) **8** x 1 = 8

9) 9 x **2** = 18

10) 7 x 3 = **21**

11) 4 x **3** = 12

12) 4 x 3 = **12**

13) **7** x 4 = 28

14) **7** x 2 = 14

15) **2** x 4 = 8

16) 7 x 4 = **28**

17) 8 x **4** = 32

18) 3 x 3 = **9**

19) 7 x 2 = **14**

20) 7 x 2 = **14**

21) **2** x 1 = 2

22) 3 x 5 = **15**

23) 6 x **3** = 18

24) **7** x 4 = 28

25) 7 x **4** = 28

26) 3 x **4** = 12

27) **3** x 3 = 9

28) **2** x 5 = 10

29) 8 x **1** = 8

30) 1 x **4** = 4

31) 1 x **4** = 4

32) **2** x 4 = 8

33) 8 x **5** = 40

34) 6 x **5** = 30

35) 8 x **2** = 16

36) **6** x 2 = 12

37) **6** x 4 = 24

38) 4 x **5** = 20

39) **9** x 2 = 18

40) **9** x 3 = 27

41) 8 x **2** = 16

42) 2 x 3 = **6**

43) **4** x 4 = 16

44) 2 x **2** = 4

45) **2** x 2 = 4

46) **5** x 4 = 20

47) **3** x 5 = 15

48) 1 x **1** = 1

49) **3** x 2 = 6

50) 9 x **3** = 27

51) 8 x **5** = 40

52) 2 x 4 = **8**

53) 4 x **2** = 8

54) **4** x 3 = 12

55) 9 x **4** = 36

56) 1 x 4 = **4**

57) 4 x **1** = 4

58) **8** x 2 = 16

59) 3 x **3** = 9

60) 6 x 2 = **12**

Date : _____   Name : _____
Time : _____   Score : _____/60

 Missing Multiplier 1 to 9

1) 6 x_____ = 24

2)_____ x 2 = 14

3)_____ x 5 = 40

4) 5 x_____ = 10

5)_____ x 3 = 24

6) 4 x_____ = 12

7) 8 x_____ = 8

8)_____ x 3 = 21

9) 8 x 4 = _____

10) 8 x_____ = 16

11)_____ x 4 = 20

12)_____ x 2 = 2

13)_____ x 1 = 8

14) 2 x_____ = 10

15)_____ x 4 = 16

16) 8 x_____ = 8

17)_____ x 3 = 21

18)_____ x 2 = 2

19)_____ x 4 = 36

20)_____ x 4 = 20

21) 3 x_____ = 9

22)_____ x 3 = 24

23) 2 x_____ = 4

24)_____ x 4 = 12

25)_____ x 3 = 3

26) 4 x 4 = _____

27) 2 x 3 = _____

28) 1 x_____ = 3

29)_____ x 5 = 15

30)_____ x 1 = 1

31) 1 x_____ = 3

32)_____ x 2 = 2

33)_____ x 2 = 4

34)_____ x 3 = 3

35)_____ x 5 = 10

36) 7 x_____ = 21

37) 8 x_____ = 40

38) 3 x_____ = 6

39) 1 x_____ = 4

40)_____ x 2 = 10

41) 9 x_____ = 18

42)_____ x 4 = 36

43) 9 x 5 = _____

44)_____ x 5 = 10

45) 4 x 2 = _____

46) 8 x_____ = 16

47)_____ x 3 = 12

48) 8 x_____ = 24

49) 3 x_____ = 15

50) 6 x 3 = _____

51) 4 x 1 = _____

52) 2 x_____ = 2

53) 3 x 3 = _____

54) 2 x_____ = 6

55) 3 x_____ = 9

56) 4 x_____ = 20

57)_____ x 2 = 2

58) 4 x_____ = 8

59) 5 x_____ = 10

60) 4 x_____ = 12

Answer Key

Missing Multiplier 1 to 9

1) 6 x **4** = 24

2) **7** x 2 = 14

3) **8** x 5 = 40

4) 5 x **2** = 10

5) **8** x 3 = 24

6) 4 x **3** = 12

7) 8 x **1** = 8

8) **7** x 3 = 21

9) 8 x 4 = **32**

10) 8 x **2** = 16

11) **5** x 4 = 20

12) **1** x 2 = 2

13) **8** x 1 = 8

14) 2 x **5** = 10

15) **4** x 4 = 16

16) 8 x **1** = 8

17) **7** x 3 = 21

18) **1** x 2 = 2

19) **9** x 4 = 36

20) **5** x 4 = 20

21) 3 x **3** = 9

22) **8** x 3 = 24

23) 2 x **2** = 4

24) **3** x 4 = 12

25) **1** x 3 = 3

26) 4 x 4 = **16**

27) 2 x 3 = **6**

28) 1 x **3** = 3

29) **3** x 5 = 15

30) **1** x 1 = 1

31) 1 x **3** = 3

32) **1** x 2 = 2

33) **2** x 2 = 4

34) **1** x 3 = 3

35) **2** x 5 = 10

36) 7 x **3** = 21

37) 8 x **5** = 40

38) 3 x **2** = 6

39) 1 x **4** = 4

40) **5** x 2 = 10

41) 9 x **2** = 18

42) **9** x 4 = 36

43) 9 x 5 = **45**

44) **2** x 5 = 10

45) 4 x 2 = **8**

46) 8 x **2** = 16

47) **4** x 3 = 12

48) 8 x **3** = 24

49) 3 x **5** = 15

50) 6 x 3 = **18**

51) 4 x 1 = **4**

52) 2 x **1** = 2

53) 3 x 3 = **9**

54) 2 x **3** = 6

55) 3 x **3** = 9

56) 4 x **5** = 20

57) **1** x 2 = 2

58) 4 x **2** = 8

59) 5 x **2** = 10

60) 4 x **3** = 12

Date : _____   Name : _____
Time : _____   Score : _____/60

   Missing Multiplier 1 to 9

1) 9 x_____ = 18   2) 3 x_____ = 6   3)_____ x 4 = 4

4)_____ x 2 = 12   5)_____ x 3 = 6   6)_____ x 3 = 9

7)_____ x 3 = 12   8)_____ x 2 = 10   9) 8 x_____ = 24

10)_____ x 2 = 6   11) 4 x_____ = 12   12) 7 x_____ = 14

13) 4 x 1 = _____   14) 8 x_____ = 8   15) 4 x 3 = _____

16)_____ x 2 = 12   17)_____ x 3 = 21   18)_____ x 1 = 6

19) 2 x 3 = _____   20)_____ x 4 = 4   21)_____ x 4 = 28

22)_____ x 4 = 20   23)_____ x 2 = 16   24) 9 x 2 = _____

25) 9 x_____ = 27   26) 4 x_____ = 20   27) 1 x_____ = 4

28)_____ x 4 = 36   29)_____ x 4 = 32   30)_____ x 2 = 18

31) 3 x_____ = 6   32) 1 x_____ = 4   33) 1 x 5 = _____

34) 5 x_____ = 10   35)_____ x 1 = 1   36) 4 x 4 = _____

37) 1 x 4 = _____   38) 9 x_____ = 27   39)_____ x 5 = 30

40) 1 x_____ = 3   41) 1 x_____ = 5   42)_____ x 2 = 16

43) 1 x_____ = 5   44)_____ x 4 = 12   45)_____ x 2 = 10

46)_____ x 3 = 15   47)_____ x 2 = 10   48) 1 x 1 = _____

49)_____ x 4 = 8   50)_____ x 3 = 9   51)_____ x 4 = 8

52) 8 x 2 = _____   53) 6 x 2 = _____   54)_____ x 3 = 12

55) 9 x_____ = 36   56) 1 x_____ = 5   57)_____ x 2 = 18

58)_____ x 2 = 18   59) 8 x_____ = 16   60)_____ x 4 = 32

Answer Key

Missing Multiplier 1 to 9

1) 9 x **2** = 18

2) 3 x **2** = 6

3) **1** x 4 = 4

4) **6** x 2 = 12

5) **2** x 3 = 6

6) **3** x 3 = 9

7) **4** x 3 = 12

8) **5** x 2 = 10

9) 8 x **3** = 24

10) **3** x 2 = 6

11) 4 x **3** = 12

12) 7 x **2** = 14

13) 4 x 1 = **4**

14) 8 x **1** = 8

15) 4 x 3 = **12**

16) **6** x 2 = 12

17) **7** x 3 = 21

18) **6** x 1 = 6

19) 2 x 3 = **6**

20) **1** x 4 = 4

21) **7** x 4 = 28

22) **5** x 4 = 20

23) **8** x 2 = 16

24) 9 x 2 = **18**

25) 9 x **3** = 27

26) 4 x **5** = 20

27) 1 x **4** = 4

28) **9** x 4 = 36

29) **8** x 4 = 32

30) **9** x 2 = 18

31) 3 x **2** = 6

32) 1 x **4** = 4

33) 1 x 5 = **5**

34) 5 x **2** = 10

35) **1** x 1 = 1

36) 4 x 4 = **16**

37) 1 x 4 = **4**

38) 9 x **3** = 27

39) **6** x 5 = 30

40) 1 x **3** = 3

41) 1 x **5** = 5

42) **8** x 2 = 16

43) 1 x **5** = 5

44) **3** x 4 = 12

45) **5** x 2 = 10

46) **5** x 3 = 15

47) **5** x 2 = 10

48) 1 x 1 = **1**

49) **2** x 4 = 8

50) **3** x 3 = 9

51) **2** x 4 = 8

52) 8 x 2 = **16**

53) 6 x 2 = **12**

54) **4** x 3 = 12

55) 9 x **4** = 36

56) 1 x **5** = 5

57) **9** x 2 = 18

58) **9** x 2 = 18

59) 8 x **2** = 16

60) **8** x 4 = 32

Missing Multiplier 1 to 9

1) _____ x 11 = 44

2) 8 x 11 = _____

3) 4 x _____ = 36

4) 8 x _____ = 48

5) 7 x 3 = _____

6) 5 x _____ = 20

7) _____ x 3 = 21

8) _____ x 10 = 30

9) 1 x _____ = 5

10) 7 x 10 = _____

11) _____ x 12 = 96

12) 6 x _____ = 66

13) _____ x 3 = 9

14) 4 x 2 = _____

15) 8 x _____ = 16

16) 5 x 12 = _____

17) _____ x 5 = 20

18) 1 x 8 = _____

19) _____ x 8 = 72

20) _____ x 5 = 30

21) 6 x _____ = 48

22) 6 x _____ = 54

23) _____ x 3 = 12

24) 8 x _____ = 48

25) _____ x 8 = 16

26) 3 x 12 = _____

27) 1 x _____ = 1

28) 4 x 4 = _____

29) 7 x _____ = 21

30) 9 x 3 = _____

31) 2 x _____ = 24

32) 2 x _____ = 6

33) 5 x _____ = 45

34) 8 x _____ = 40

35) 4 x _____ = 28

36) _____ x 2 = 8

37) 9 x _____ = 108

38) 5 x _____ = 55

39) _____ x 11 = 44

40) 9 x _____ = 36

41) 7 x _____ = 77

42) 6 x _____ = 54

43) 1 x _____ = 7

44) 1 x 6 = _____

45) _____ x 4 = 12

46) _____ x 4 = 16

47) _____ x 12 = 96

48) 2 x _____ = 14

49) 3 x _____ = 12

50) 3 x 8 = _____

51) 6 x 7 = _____

52) 8 x 11 = _____

53) _____ x 11 = 77

54) 4 x _____ = 40

55) 3 x _____ = 9

56) 3 x _____ = 18

57) _____ x 9 = 9

58) 6 x 3 = _____

59) 6 x 9 = _____

60) _____ x 2 = 6

Answer Key

Missing Multiplier 1 to 9

1) **4** x 11 = 44

2) 8 x 11 = **88**

3) 4 x **9** = 36

4) 8 x **6** = 48

5) 7 x 3 = **21**

6) 5 x **4** = 20

7) **7** x 3 = 21

8) **3** x 10 = 30

9) 1 x **5** = 5

10) 7 x 10 = **70**

11) **8** x 12 = 96

12) 6 x **11** = 66

13) **3** x 3 = 9

14) 4 x 2 = **8**

15) 8 x **2** = 16

16) 5 x 12 = **60**

17) **4** x 5 = 20

18) 1 x 8 = **8**

19) **9** x 8 = 72

20) **6** x 5 = 30

21) 6 x **8** = 48

22) 6 x **9** = 54

23) **4** x 3 = 12

24) 8 x **6** = 48

25) **2** x 8 = 16

26) 3 x 12 = **36**

27) 1 x **1** = 1

28) 4 x 4 = **16**

29) 7 x **3** = 21

30) 9 x 3 = **27**

31) 2 x **12** = 24

32) 2 x **3** = 6

33) 5 x **9** = 45

34) 8 x **5** = 40

35) 4 x **7** = 28

36) **4** x 2 = 8

37) 9 x **12** = 108

38) 5 x **11** = 55

39) **4** x 11 = 44

40) 9 x **4** = 36

41) 7 x **11** = 77

42) 6 x **9** = 54

43) 1 x **7** = 7

44) 1 x 6 = **6**

45) **3** x 4 = 12

46) **4** x 4 = 16

47) **8** x 12 = 96

48) 2 x **7** = 14

49) 3 x **4** = 12

50) 3 x 8 = **24**

51) 6 x 7 = **42**

52) 8 x 11 = **88**

53) **7** x 11 = 77

54) 4 x **10** = 40

55) 3 x **3** = 9

56) 3 x **6** = 18

57) **1** x 9 = 9

58) 6 x 3 = **18**

59) 6 x 9 = **54**

60) **3** x 2 = 6

Date : _____   Name : _____
Time : _____   Score : _____/60

   Missing Multiplier 1 to 9

1) 7 x 8 = _____   2) 4 x 1 = _____   3) 5 x 6 = _____

4) _____ x 10 = 80   5) 9 x _____ = 99   6) 1 x _____ = 8

7) _____ x 7 = 42   8) 5 x _____ = 50   9) 4 x _____ = 32

10) 1 x _____ = 12   11) 1 x _____ = 7   12) 8 x _____ = 48

13) _____ x 10 = 30   14) 9 x _____ = 81   15) _____ x 7 = 7

16) 6 x _____ = 48   17) 6 x _____ = 60   18) 5 x _____ = 35

19) 7 x 2 = _____   20) _____ x 7 = 49   21) 6 x _____ = 72

22) _____ x 4 = 28   23) 5 x _____ = 50   24) _____ x 10 = 70

25) 1 x _____ = 4   26) _____ x 11 = 88   27) 4 x _____ = 20

28) 1 x 11 = _____   29) _____ x 6 = 30   30) 4 x 2 = _____

31) _____ x 8 = 16   32) _____ x 11 = 77   33) _____ x 9 = 54

34) 7 x _____ = 35   35) 1 x 12 = _____   36) 7 x _____ = 28

37) 7 x _____ = 56   38) 8 x 6 = _____   39) _____ x 7 = 7

40) 2 x _____ = 6   41) 9 x _____ = 81   42) 9 x 8 = _____

43) 6 x _____ = 42   44) 7 x _____ = 14   45) 6 x _____ = 24

46) _____ x 1 = 1   47) 1 x _____ = 5   48) 5 x 7 = _____

49) _____ x 9 = 18   50) 8 x _____ = 96   51) 9 x 11 = _____

52) 6 x _____ = 12   53) _____ x 9 = 72   54) 7 x _____ = 7

55) 1 x _____ = 1   56) _____ x 11 = 33   57) _____ x 6 = 24

58) _____ x 2 = 4   59) _____ x 7 = 35   60) 4 x _____ = 48

Answer Key

Missing Multiplier 1 to 9

1) 7 x 8 = **56**

2) 4 x 1 = **4**

3) 5 x 6 = **30**

4) **8** x 10 = 80

5) 9 x **11** = 99

6) 1 x **8** = 8

7) **6** x 7 = 42

8) 5 x **10** = 50

9) 4 x **8** = 32

10) 1 x **12** = 12

11) 1 x **7** = 7

12) 8 x **6** = 48

13) **3** x 10 = 30

14) 9 x **9** = 81

15) **1** x 7 = 7

16) 6 x **8** = 48

17) 6 x **10** = 60

18) 5 x **7** = 35

19) 7 x 2 = **14**

20) **7** x 7 = 49

21) 6 x **12** = 72

22) **7** x 4 = 28

23) 5 x **10** = 50

24) **7** x 10 = 70

25) 1 x **4** = 4

26) **8** x 11 = 88

27) 4 x **5** = 20

28) 1 x 11 = **11**

29) **5** x 6 = 30

30) 4 x 2 = **8**

31) **2** x 8 = 16

32) **7** x 11 = 77

33) **6** x 9 = 54

34) 7 x **5** = 35

35) 1 x 12 = **12**

36) 7 x **4** = 28

37) 7 x **8** = 56

38) 8 x 6 = **48**

39) **1** x 7 = 7

40) 2 x **3** = 6

41) 9 x **9** = 81

42) 9 x 8 = **72**

43) 6 x **7** = 42

44) 7 x **2** = 14

45) 6 x **4** = 24

46) **1** x 1 = 1

47) 1 x **5** = 5

48) 5 x 7 = **35**

49) **2** x 9 = 18

50) 8 x **12** = 96

51) 9 x 11 = **99**

52) 6 x **2** = 12

53) **8** x 9 = 72

54) 7 x **1** = 7

55) 1 x **1** = 1

56) **3** x 11 = 33

57) **4** x 6 = 24

58) **2** x 2 = 4

59) **5** x 7 = 35

60) 4 x **12** = 48

Missing Multiplier 1 to 9

1) 7 x 8 = _____   2) 4 x 1 = _____   3) 5 x 6 = _____

4) _____ x 10 = 80   5) 9 x _____ = 99   6) 1 x _____ = 8

7) _____ x 7 = 42   8) 5 x _____ = 50   9) 4 x _____ = 32

10) 1 x _____ = 12   11) 1 x _____ = 7   12) 8 x _____ = 48

13) _____ x 10 = 30   14) 9 x _____ = 81   15) _____ x 7 = 7

16) 6 x _____ = 48   17) 6 x _____ = 60   18) 5 x _____ = 35

19) 7 x 2 = _____   20) _____ x 7 = 49   21) 6 x _____ = 72

22) _____ x 4 = 28   23) 5 x _____ = 50   24) _____ x 10 = 70

25) 1 x _____ = 4   26) _____ x 11 = 88   27) 4 x _____ = 20

28) 1 x 11 = _____   29) _____ x 6 = 30   30) 4 x 2 = _____

31) _____ x 8 = 16   32) _____ x 11 = 77   33) _____ x 9 = 54

34) 7 x _____ = 35   35) 1 x 12 = _____   36) 7 x _____ = 28

37) 7 x _____ = 56   38) 8 x 6 = _____   39) _____ x 7 = 7

40) 2 x _____ = 6   41) 9 x _____ = 81   42) 9 x 8 = _____

43) 6 x _____ = 42   44) 7 x _____ = 14   45) 6 x _____ = 24

46) _____ x 1 = 1   47) 1 x _____ = 5   48) 5 x 7 = _____

49) _____ x 9 = 18   50) 8 x _____ = 96   51) 9 x 11 = _____

52) 6 x _____ = 12   53) _____ x 9 = 72   54) 7 x _____ = 7

55) 1 x _____ = 1   56) _____ x 11 = 33   57) _____ x 6 = 24

58) _____ x 2 = 4   59) _____ x 7 = 35   60) 4 x _____ = 48

Answer Key

Missing Multiplier 1 to 9

1) 7 x 8 = **56**

2) 4 x 1 = **4**

3) 5 x 6 = **30**

4) **8** x 10 = 80

5) 9 x **11** = 99

6) 1 x **8** = 8

7) **6** x 7 = 42

8) 5 x **10** = 50

9) 4 x **8** = 32

10) 1 x **12** = 12

11) 1 x **7** = 7

12) 8 x **6** = 48

13) **3** x 10 = 30

14) 9 x **9** = 81

15) **1** x 7 = 7

16) 6 x **8** = 48

17) 6 x **10** = 60

18) 5 x **7** = 35

19) 7 x 2 = **14**

20) **7** x 7 = 49

21) 6 x **12** = 72

22) **7** x 4 = 28

23) 5 x **10** = 50

24) **7** x 10 = 70

25) 1 x **4** = 4

26) **8** x 11 = 88

27) 4 x **5** = 20

28) 1 x 11 = **11**

29) **5** x 6 = 30

30) 4 x 2 = **8**

31) **2** x 8 = 16

32) **7** x 11 = 77

33) **6** x 9 = 54

34) 7 x **5** = 35

35) 1 x 12 = **12**

36) 7 x **4** = 28

37) 7 x **8** = 56

38) 8 x 6 = **48**

39) **1** x 7 = 7

40) 2 x **3** = 6

41) 9 x **9** = 81

42) 9 x 8 = **72**

43) 6 x **7** = 42

44) 7 x **2** = 14

45) 6 x **4** = 24

46) **1** x 1 = 1

47) 1 x **5** = 5

48) 5 x 7 = **35**

49) **2** x 9 = 18

50) 8 x **12** = 96

51) 9 x 11 = **99**

52) 6 x **2** = 12

53) **8** x 9 = 72

54) 7 x **1** = 7

55) 1 x **1** = 1

56) **3** x 11 = 33

57) **4** x 6 = 24

58) **2** x 2 = 4

59) **5** x 7 = 35

60) 4 x **12** = 48

Date : _____   Name : _____
Time : _____   Score : _____/60

Missing Multiplier 1 to 9

1) 3 x_____ = 18   2) 3 x 8 = _____   3)_____x 11 = 55

4) 7 x_____ = 70   5) 9 x_____ = 18   6)_____x 5 = 5

7) 6 x 8 = _____   8) 3 x 10 = _____   9) 2 x_____ = 20

10) 8 x_____ = 16   11)_____x 5 = 15   12)_____x 5 = 45

13)_____x 9 = 54   14) 4 x_____ = 44   15) 1 x_____ = 10

16)_____x 11 = 22   17) 6 x_____ = 18   18) 5 x_____ = 20

19)_____x 10 = 70   20) 5 x 2 = _____   21) 6 x 11 = _____

22) 4 x_____ = 36   23) 1 x 9 = _____   24) 5 x_____ = 40

25) 1 x_____ = 4   26) 3 x_____ = 24   27) 3 x 4 = _____

28) 5 x_____ = 60   29) 2 x 10 = _____   30) 9 x 7 = _____

31) 8 x 11 = _____   32)_____x 9 = 36   33) 4 x 12 = _____

34) 7 x_____ = 49   35) 8 x_____ = 16   36)_____x 6 = 24

37)_____x 7 = 28   38) 1 x_____ = 2   39) 2 x_____ = 24

40)_____x 9 = 81   41) 7 x_____ = 14   42) 3 x_____ = 24

43) 8 x_____ = 64   44) 2 x_____ = 12   45) 8 x 2 = _____

46) 7 x_____ = 63   47)_____x 10 = 20   48) 8 x_____ = 80

49) 2 x_____ = 8   50) 9 x 5 = _____   51)_____x 2 = 16

52) 1 x_____ = 7   53) 9 x_____ = 18   54)_____x 2 = 4

55) 3 x_____ = 12   56)_____x 10 = 40   57)_____x 4 = 32

58) 1 x 8 = _____   59)_____x 3 = 27   60) 4 x_____ = 24

Answer Key

Missing Multiplier 1 to 9

1) 3 x **6** = 18

2) 3 x 8 = **24**

3) **5** x 11 = 55

4) 7 x **10** = 70

5) 9 x **2** = 18

6) **1** x 5 = 5

7) 6 x 8 = **48**

8) 3 x 10 = **30**

9) 2 x **10** = 20

10) 8 x **2** = 16

11) **3** x 5 = 15

12) **9** x 5 = 45

13) **6** x 9 = 54

14) 4 x **11** = 44

15) 1 x **10** = 10

16) **2** x 11 = 22

17) 6 x **3** = 18

18) 5 x **4** = 20

19) **7** x 10 = 70

20) 5 x 2 = **10**

21) 6 x 11 = **66**

22) 4 x **9** = 36

23) 1 x 9 = **9**

24) 5 x **8** = 40

25) 1 x **4** = 4

26) 3 x **8** = 24

27) 3 x 4 = **12**

28) 5 x **12** = 60

29) 2 x 10 = **20**

30) 9 x 7 = **63**

31) 8 x 11 = **88**

32) **4** x 9 = 36

33) 4 x 12 = **48**

34) 7 x **7** = 49

35) 8 x **2** = 16

36) **4** x 6 = 24

37) **4** x 7 = 28

38) 1 x **2** = 2

39) 2 x **12** = 24

40) **9** x 9 = 81

41) 7 x **2** = 14

42) 3 x **8** = 24

43) 8 x **8** = 64

44) 2 x **6** = 12

45) 8 x 2 = **16**

46) 7 x **9** = 63

47) **2** x 10 = 20

48) 8 x **10** = 80

49) 2 x **4** = 8

50) 9 x 5 = **45**

51) **8** x 2 = 16

52) 1 x **7** = 7

53) 9 x **2** = 18

54) **2** x 2 = 4

55) 3 x **4** = 12

56) **4** x 10 = 40

57) **8** x 4 = 32

58) 1 x 8 = **8**

59) **9** x 3 = 27

60) 4 x **6** = 24

Times Tables Chart 1 to 12

1 Times Table

1	x	1	=	1
1	x	2	=	2
1	x	3	=	3
1	x	4	=	4
1	x	5	=	5
1	x	6	=	6
1	x	7	=	7
1	x	8	=	8
1	x	9	=	9
1	x	10	=	10

2 Times Table

2	x	1	=	2
2	x	2	=	4
2	x	3	=	6
2	x	4	=	8
2	x	5	=	10
2	x	6	=	12
2	x	7	=	14
2	x	8	=	16
2	x	9	=	18
2	x	10	=	20

3 Times Table

3	x	1	=	3
3	x	2	=	6
3	x	3	=	9
3	x	4	=	12
3	x	5	=	15
3	x	6	=	18
3	x	7	=	21
3	x	8	=	24
3	x	9	=	27
3	x	10	=	30

4 Times Table

4	x	1	=	4
4	x	2	=	8
4	x	3	=	12
4	x	4	=	16
4	x	5	=	20
4	x	6	=	24
4	x	7	=	28
4	x	8	=	32
4	x	9	=	36
4	x	10	=	40

5 Times Table

5	x	1	=	5
5	x	2	=	10
5	x	3	=	15
5	x	4	=	20
5	x	5	=	25
5	x	6	=	30
5	x	7	=	35
5	x	8	=	40
5	x	9	=	45
5	x	10	=	50

6 Times Table

6	x	1	=	6
6	x	2	=	12
6	x	3	=	18
6	x	4	=	24
6	x	5	=	30
6	x	6	=	36
6	x	7	=	42
6	x	8	=	48
6	x	9	=	54
6	x	10	=	60

7 Times Table

7	x	1	=	7
7	x	2	=	14
7	x	3	=	21
7	x	4	=	28
7	x	5	=	35
7	x	6	=	42
7	x	7	=	49
7	x	8	=	56
7	x	9	=	63
7	x	10	=	70

8 Times Table

8	x	1	=	8
8	x	2	=	16
8	x	3	=	24
8	x	4	=	32
8	x	5	=	40
8	x	6	=	48
8	x	7	=	56
8	x	8	=	64
8	x	9	=	72
8	x	10	=	80

9 Times Table

9	x	1	=	9
9	x	2	=	18
9	x	3	=	27
9	x	4	=	36
9	x	5	=	45
9	x	6	=	54
9	x	7	=	63
9	x	8	=	72
9	x	9	=	81
9	x	10	=	90

10 Times Table

10	x	1	=	10
10	x	2	=	20
10	x	3	=	30
10	x	4	=	40
10	x	5	=	50
10	x	6	=	60
10	x	7	=	70
10	x	8	=	80
10	x	9	=	90
10	x	10	=	100

11 Times Table

11	x	1	=	11
11	x	2	=	22
11	x	3	=	33
11	x	4	=	44
11	x	5	=	55
11	x	6	=	66
11	x	7	=	77
11	x	8	=	88
11	x	9	=	99
11	x	10	=	110

12 Times Table

12	x	1	=	12
12	x	2	=	24
12	x	3	=	36
12	x	4	=	48
12	x	5	=	60
12	x	6	=	72
12	x	7	=	84
12	x	8	=	96
12	x	9	=	108
12	x	10	=	120